글 서지원

강릉에서 태어나 한양대학교를 졸업하고 [문학과 비평]에 소설로 등단해, 지식과 교양을 유쾌한 입담과 기발한 상상력으로 전하는 이야기꾼입니다. 지금은 어린 시절 꿈인 작가가 되어 하루도 빠짐없이 글을 쓴답니다. 서울시 올해의 책, 원주시 올해의 책, 문화체육관광부와 한국도서관협회가 뽑은 우수문학도서 등에 선정된 저서 외에도 2011년부터 초등학교와 고등학교 교과서를 집필했습니다. 쓴 책으로 《어느 날 우리 반에 공룡이 전학 왔다》, 〈빨간 내복의 초능력자〉, 《고구마 탐정 과학, 수학》, 《자두의 비밀 일기장》, 《신통한 책방 필로뮈토》, 《신통방통 수학》, 《만렙과 슈렉과 스마트폰》, 《신비아파트 수학 귀신》 등 250여 종이 있으며, 현재 초등학교 교과서 집필진으로 활동 중입니다.

그림 한수진

따뜻하면서도 정감 어린 그림으로 어린이책에 생명력을 불어넣는 그림작가입니다. 어린이들에게 상상력을 불어 넣으려고 다양한 기법의 그림을 시도하고 있습니다. 세상의 모든 어린이가 책 속에서 즐거운 자신만의 세계를 찾아가며 자신들의 꿈을 펼쳐가기 바랍니다. 그동안 그린 책으로는 《악플 전쟁》, 《우리 또 이사 가요》, 《벌레 구멍 속으로》, 《아기 까치의 우산》, 《치즈 붕붕 과자 전쟁》, 《아빠가 집에 있어요》, 《변신 점퍼》, 《욕조 안의 악어》, 《착해져라, 착해져~ 엄마를 웃게 하는 예절 사전》, 《거울 공주》등이 있습니다.

몹시도 수상쩍다
6. 곤충은 천재다

초판 1쇄 펴낸날 2025년 2월 25일
글 서지원 **그림** 한수진
펴낸이 허경애 **편집** 최정현 김하민 **디자인** 위드 **마케팅** 정주열
펴낸곳 도서출판 꿈터 **출판등록일** 2004년 6월 16일 제313-2004-000152호
주소 서울시 마포구 양화로 156, 엘지팰리스빌딩 825호
전화번호 02-323-0606 **팩스** 0303-0953-6729
이메일 kkumteo2004@naver.com **블로그** blog.naver.com/kkumteo- **인스타** kkumteo-
ISBN 979-11-6739-136-0 ISBN 979-11-6739-079-0(세트)

어린이제품안전특별법에 의한 제품 표시
제조자명 꿈터 | **제조연월** 2025년 2월 | **제조국** 대한민국 | **사용연령** 8세 이상 어린이 제품
주의사항 종이에 베이거나 긁히지 않도록 조심하세요. 책 모서리가 날카로우니 던지거나 떨어뜨리지 마세요.
KC 마크는 이 제품이 공통안전기준에 적합하였음을 의미합니다.

곤충은
6 천재다

몹시도 수상쩍다

서지원 글
한수진 그림

꿈터

인류와 함께 손잡고 살아갈
'작은 친구들'

　사람들은 곤충을 별로 좋아하지 않아요. 그래서 곤충이 눈에 보이면 무조건 죽이려고 하지요. 곤충은 갑작스럽게 나타나고, 예측할 수 없을 만큼 매우 빠르고 불규칙하게 움직여요. 생김새가 포유류와 다르게 생겼고, 크기가 아주 작아서 가까이 올 때까지 알지 못하고 있다가 사람들을 놀라게 하고, 무섭게 해요.

　사람들은 곤충을 없애려고 엄청나게 많은 돈을 써서 DDT 같은 살충제를 만들어서 뿌려요. 매년 곤충을 없애려고 사용하는 돈이 지구 전체적으로 10조 원이나 된다고 해요. 그런데 이렇게 뿌리는 살충제가 곤충만 죽이는 게 아니라, 사람과 동물들에게도 해를 입히지요. 최근에는 유전자 조작으로 곤충을 죽이는 특별한 곤충을 만들어 퍼뜨려요.

　사람은 곤충의 천적이에요. 사실, 많은 사람은 곤충을 보면 이 곤충이 나쁜 곤충인지 아닌지 잘 알지 못하고, 오래된 습관과 두려움 때문에 무조건 없애려고 해요. 지구 전체에는 600만~3,000만 종의 곤충이 살고 있는데, 이 가운데 매년 3만 종의 곤충이 멸종할 위험에 처해 있어요.

곤충이 지구에서 없어지면 사람은 살기 좋아질까요? 곤충이 없어지면 사람도 지구에서 살 수 없어요. 벌과 나비가 꽃가루를 퍼뜨리지 않으면 식물이 자라지 못해요. 사람들이 가장 싫어하는 파리와 모기도 자연 생태계에서 중요한 역할을 해요. 모기는 꽃의 꿀을 먹으며 꽃가루를 퍼뜨리지요. 식물이 자라지 못하면 식량이 부족해 가격이 비싸지고, 수많은 사람이 굶주리게 돼요.

흙에 기어다니는 하찮은 개미들이 없다면 흙은 영양분을 얻지 못해요. 개미는 죽은 동물들을 먹어서 흙에 영양분을 만들어 줘요. 곤충이 없다면 지구는 죽은 동물로 뒤덮여 버릴 거예요. 최근에는 치료가 어려운 질병인 결핵을 치료하는 항생제를 곤충에서 찾아내 치료제로 만들려고 하고 있고, 곤충의 움직임을 모방해 로봇에 적용하는 곤충 로봇 공학이 발전하고 있어요.

지구에는 헤아릴 수 없는 많은 곤충이 살아가고 있어요. 농약을 집중적으로 뿌리면서 곤충을 박멸하려다 보니, 그 부메랑이 거침없이 사람에게 돌아와, 사람의 환경마저도 위협받는 위기 상황이 되었어요.

우리가 과학을 하는 것은 지구의 생명들을 보호하려는 것이지 파괴하려는 것이 아니에요. 인류가 아무리 위대한 존재라고 하더라도 다른 생명들이 없으면 살 수 없어요. 인류는 다른 생명과 손잡지 않으면 살아남을 수 없어요.

어린이 친구들이 생명은 서로 도와가며 살아가야 한다는 걸 마음으로 느껴 주었으면 해요. 징그럽고 하찮게 보이는 곤충일지라도 모든 생명은 소중한 존재라는 걸 깨달아 주었으면 해요. 그래서 어른들도 하지 못하는 일을 우리 어린이들이 해내었으면 하는 소망을 가져 봅니다.

작가 서지원

차례

첫 번째 관찰
곤충의 중요성

곤충은 천재다!

두 번째 실험
곤충의 생김새

초파리가 된 아로

세 번째 실험
곤충들의 생존법

아로의 첫사랑

네 번째 실험
곤충의 한살이

나비숲 보호 작전

과학교실에 나오는 사람들

아로의 엄마
말대꾸하기 대장 아로 때문에
하루하루 목소리만 커지는 엄마.
하루라도 아로한테 안 당하는 날 없지만
그래도 아로를 세상에서 제일 사랑해요.

공부균 선생님
"난 세상에서 가장 유익한 균이지."
도무지 무슨 일을 벌일지 알 수 없는
사고뭉치 선생님이에요.
썰렁한 농담을 아주아주 잘해요.

공부왕 교장 선생님
돌돌 말린 모기향 수염과
작달막한 다리 때문에
'황제펭귄'으로 불려요.

에디슨
덩치만 컸지 얼마나 겁이 많다고요.
야옹 소리보다는 어흥 소리가
더 어울릴 것 같지만,
엄연히 고양이랍니다.

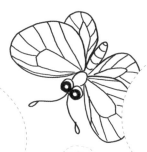

이아로
엄청난 개구쟁이며
눈에 보이는 모든 것을 장난감으로
활용하는 사고뭉치에다
말썽꾸러기예요. 하지만 호기심 넘치고,
위기의 순간에 아이들을 이끌 줄 아는
리더랍니다.

혜리
차갑고 도도해 보이지만,
누구보다 여리고
따뜻한 속마음을 가진
소녀랍니다. 과학 상식이
아주 풍부한 똑순이지요.

연두
피부가 하얗고 까만 눈동자가
초롱초롱한 소녀. 아로는 우연히
공원에서 만난 연두에게
곤충에 대해 많은 것을 배운답니다.

건우
소심한 부끄럼쟁이지만, 차분하고,
신중한 게 건우의 매력이에요.
공부균 선생님과 함께하면서
점점 밝아지고 자신감을 되찾아요.

곤충은 천재다!

첫 번째 관찰
곤충의 중요성

창의력 호기심

곤충은 지구에 언제부터 살았고, 종류는 얼마나 될까?
곤충과 벌레는 어떻게 다를까?
곤충은 동물과 어떻게 다를까?
나쁜 곤충을 좋은 곤충으로 없앨 수 있다고?

벌레를 먹은 아로

"으악!"

아로의 입안을 보고 아이들이 비명을 질렀다.

"벌레가…… 죽처럼 됐어!"

아로는 턱이 빠질 정도로 입을 크게 벌리고 아이들에게 바짝 다가갔다.

"아로는 벌레 먹는 괴물이다!"

아이들은 정말 무서웠는지 부리나케 도망쳤다.

"크흐흐, 작전 성공이야."

웃는 아로의 이빨 사이로 끈적이는 초록색 물질이 보였다. 아로는 뭐든지 잘 먹는다. 그렇다고 정말로 살아 있는 벌레를 먹은 걸까? 그러니까 30분 전…….

소나기가 막 그친 여름날, 하늘은 더없이 맑았고, 나무는

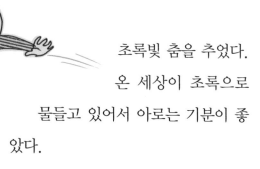

초록빛 춤을 추었다.

온 세상이 초록으로

물들고 있어서 아로는 기분이 좋

았다.

그런데 뜨거운 햇볕이 내리쬐는 운동장

한쪽 구석에서 소란스러운 소리가 들렸다.

무슨 신나는 일이 있나 싶어서 아로는 달려

갔다.

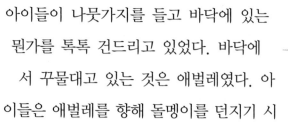

아이들이 나뭇가지를 들고 바닥에 있는

뭔가를 톡톡 건드리고 있었다. 바닥에

서 꾸물대고 있는 것은 애벌레였다. 아

이들은 애벌레를 향해 돌멩이를 던지기 시

작했다. 다행히 돌멩이들은 애벌레 주변에 맞고 튕겨

나왔다.

석수가 애벌레를 짓밟으려고 한쪽 발을 번쩍 들었다.

"그만! 그만해!"

참다못해 아로가 소리쳤다. 아이들이 왜 그러

냐는 표정으로 아로를 바라보았다.

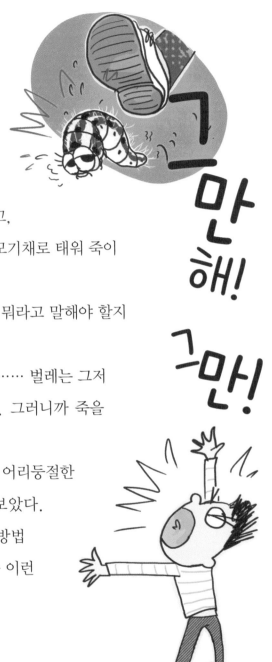

"제발 그만해. 애벌레를 죽이지 말란 말이야."

"왜 죽이면 안 되는데? 원래 벌레는 죽이는 거야. 손으로 잡아 죽이고, 약을 뿌려 죽이고, 전기 모기채로 태워 죽이잖아."

민수가 물었다. 아로는 뭐라고 말해야 할지 알 수 없었다.

"그게…… 그게 말이야…… 벌레는 그저 벌레로 태어났을 뿐이야. 그러니까 죽을 이유가 없어."

아로의 말에 아이들은 어리둥절한 표정으로 서로를 쳐다보았다. 아로는 애벌레를 구할 방법을 생각해 내려다가 불쑥 이런 말을 내뱉었다.

"실은 내가…… 이 벌레를 먹으려고."

"뭐? 먹는다고?"

아이들의 눈동자가 동시에 커졌다.

"난 벌레 먹는 걸 좋아해. 그런데 너희가 짓밟아 버리면 못 먹게 되잖아. 너희도 봤지? 텔레비전에서 아마존 원주민들이 벌레 먹는 거."

아로는 자기 입에서 거짓말이 술술 나오는 게 신기했다.

아이들의 놀란 눈동자가 왕방울만큼 커졌다. 아이들이 잠시 말문을 잃고 서로 쳐다보았다.

석수가 제일 먼저 입을 열었다.

"먹어 봐. 그러면 믿어 줄게."

아로의 얼굴이 파래졌다.

아이들이 나뭇가지로 애벌레를 집어 아로의 코끝에 대고 흔들었다.

"잠…… 깐만. 잠깐만 기다려 봐. 휴-."

아로는 숨을 깊게 내쉬고는 애벌레를 받아서 들었다. 그리고 아이들이 보지 못하게 등을 돌리고 앉았다.

아로는 조심스럽게 애벌레를 과자 봉지에 담아 옷 속에

넣고는 주머니에서 아까 먹다 남긴 지렁이 모양의 꼼틀 젤
리를 얼른 꺼내 입 속에 넣고 우물거렸다.

"으아악!"

아이들은 벌레 먹는 괴물이라며
도망쳤다.

아로는 아이들이 모두 사라진 것을
확인하고 과자 봉지를 꺼냈다.
봉지 속에 있는 애벌레는
살았는지 죽었는지 꼼짝하지
않았다.

아로는 얼른 교문을 빠져나와 집으로 달렸다. 그런데 막상 집 앞에 도착하자 엄마 얼굴이 떠올랐다.

'엄마는 벌레를 무척 싫어하는데……. 비명을 지를 정도로.'

고민하던 아로는 다시 과학교실로 발걸음을 옮겼다.

과학교실 현관에는 이런 글이 붙어 있다.

어린이 학생 모집

이곳은 공부균 선생님의 과학교실입니다.
세균, 병균, 대장균은 나쁜 병을 옮기지만, 공부균은 공부병을 옮긴답니다. 공부를 열심히 하게 만드는 균이지요.
이만하면 세상에서 가장 유익한 균이 아닐까요?
어서 와서 공부균에 감염되세요!

주의 : 엘리베이터 내부의 숫자 버튼 외에 다른 버튼은 절대 누르지 마시오!

그러나 과학교실이 새로 문을 연 지 몇 달이 지났지만, 학원생은 단 한 명, 아로뿐이다.

과학교실에서 혜리가 보호안경을 쓰고 뭔가를 열심히 실험하고 있었다.

"아빠는 안 계시는데. 오늘 학원 오는 날이었니?"

혜리는 공부균 선생님의 딸이다. 아는 것은 많지만 성격은 좀 까칠한 편이다.

"아, 아니. 지나가다가 잠깐 들렀어."

혜리가 화장실에 갔을 때 아로는 베란다에 있는 복숭아 나무 밑에 애벌레를 풀어 주었다.

"야옹."

어느새 먹는 걸 엄청나게 밝히는 에디슨이 아로에게 다가왔다. 에디슨은 덩치가 사자만큼 큰 고양이었지만, 우는 소리는 새끼 고양이보다 작았다.

"에디슨, 애벌레는 절대 먹어선 안 돼. 잘 지켜 줘."

  아로는 에디슨에게 단단히 주의를 주고 서둘러 집으로
돌아왔다.

  엄마가 집 베란다에 쪼그리고 앉아 화분들을 살펴보고
있었다. 엄마의 표정이 어두웠다.
  베란다의 화분에는 긴꼬투리콩과 해바라기가 자라고 있

었다. 모두 엄마에게 아주 특별한 식물들이었다. 엄마의 시골 고향 집 마당에서 씨앗을 가져와 정성 들여 가꾼 것들이었다. 그런데 아주 작은 초록 벌레들이 긴꼬투리콩과 해바라기에 다닥다닥 붙어 있었다.

엄마는 긴꼬투리콩의 이파리를 만지며 안타까워했다.

곤충과 벌레는 다른 거야!

"엄마야!"

과학교실의 엘리베이터 안을 본 아로와 건우는 놀라서 펄쩍 뛰면서 서로를 끌어안았다. 거대한 괴물 세 마리가 엘리베이터 안에서 아로와 건우를 노려보고 있었다.

괴물 중에서 메뚜기처럼 생긴 괴물이 아로와 건우를 향해 펄쩍 뛰어왔다.

괴물 메뚜기는 아로와 건우를 향해 입을 쩍 벌렸다.

"으아아악!"

아로와 건우는 죽은 척 꼼짝하지 않았다.

할짝, 할짝-.

뭔가가 자신을 핥고 있는 느낌이 들어서 아로와 건우는 눈을 슬며시 떴다. 거대한 메뚜기 괴물이 내려다보고 있었

다. 거대한 메뚜기 괴물의 입에서 상상하지 못한 소리가
터져 나왔다.

"야옹!"

"아로, 건우! 기절한 척하지 말고 일어나!"

천장에 사람만큼 덩치가 큰 나방이 거꾸로 붙어서 말을
걸었다.

"내가 꿈을 꾸는 건가? 저 괴물 나방이 혜리를 삼켰나
봐. 나방에서 혜리 목소리가 들려."

"이 괴물 메뚜기는 에디슨을 삼켰나 봐. 자꾸 고양이 소
리가 들려. 까아아악!"

스르륵, 스르르륵.

사슴벌레는 공부균 선생님으로, 나방은 공혜리로, 그리
고 메뚜기는 고양이 에디슨으로 변했다.

"휴, 다행이다."

"선생님, 엘리베이터 타고 어디 다녀오신 거예요? 왜 하
필 징그러운 벌레로 변하신 거죠?"

"요즘 곤충에 대해 실험하고 있거든. 우린 아마존에 다녀
오는 길이야."

아마존에서 가져온 수박이야.

와!

달다!

오늘 할 공부는 이것이다.

'곤충은 천재다'

곤충이 천재라고요?

징그러운 곤충이 천재라면, 우리는 뭔가요?

넌 사람이 되다가 만 벌레잖아.

아참, 벌레와 곤충의 다른 점부터 알려 줘야겠군.

벌레 ≠ 곤충

벌레와 곤충은 조금 달라. 여기서 퀴즈!

다음 중에 곤충을 모두 골라 봐.

"그럼 어떤 게 곤충일까?"

"아! 알겠어요! 곤충은 날개가 달려 있어야 해요. 그런데 여기 있는 것들은 날개가 없잖아요."

건우가 소리쳤다.

"그렇지만 개미는 곤충인데도 날개가 없잖아. 박쥐나 새는 날개가 있지만 곤충은 아니잖아."

아로의 말에 건우가 이상하다는 듯 중얼거렸다.

"딱 한 가지, 다리만 보면 돼."

"다리요?"

"그래. 곤충은 다리가 6개야. 거미가 곤충이 아닌 이유는 다리가 8개이기 때문이야. 새우, 가재, 게도 다리가 10개니까 곤충이 아니지."

야옹!

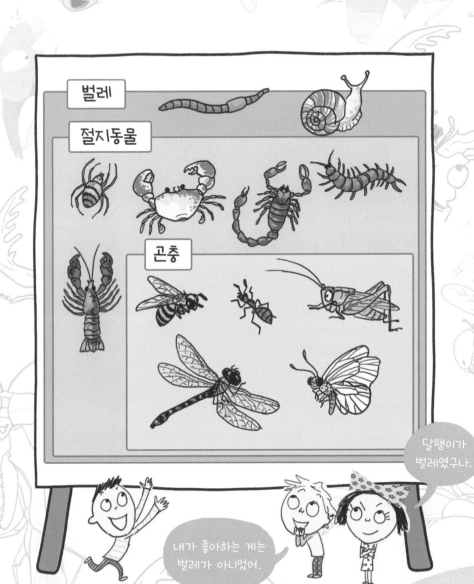

"그렇구나, 정말 간단한 방법이 있었네."

"그런데 아빠, 곤충이 왜 천재예요?"

혜리가 질문했다.

"곤충이 천재면, 우리보다 머리가 좋은 거 아니니?"

건우가 아로를 바라봤다. 아로는 심각한 표정으로 그럴 리가 없다고 했다.

공부균 선생님은 곤충이 천재인 이유를 설명했다.

"곤충이 아주 위대하기 때문이지! 곤충은 지구에 인간이 살기 시작하던 때보다 훨씬 오래전부터 살아왔어. 공룡이 살던 2억 년 전보다 훨씬 오래전부터 곤충은 지구에서 살았지. 곤충이 지구에서 산 것은 4억 년이나 돼."

"그런데 왜 곤충은 공룡처럼 멸종하지 않고 지금까지 살수 있었던 거예요?"

"공룡이나 다른 생물들은 지구의 환경이 변했을 때 적응하지 못해서 멸종을 했지. 하지만 곤충들은 지구의 환경에 맞춰서 변해 왔단다. 그래서 지금까지 살아남은 거야."

공부균 선생님이 홀로그램 영상을 켰다. 그러자 진짜 같은 거대 잠자리가 허공을 날아다녔다.

"곤충은 원래 작지 않았단다."

"와! 크다! 새보다 더 커!"

아로가 홀로그램 잠자리를 잡으려고 손을 뻗었다.

"이렇게 컸던 곤충이 왜 작아졌어요?"

"변화된 지구의 환경에 맞춰 살아남다 보니 몸이 작아진 거야. 몸이 작으면 좋은 점이 많거든."

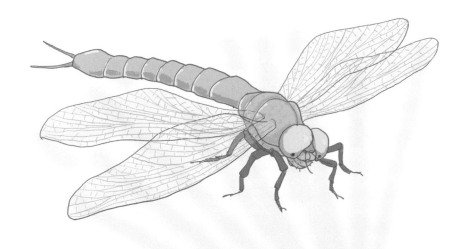

메가네우라야.
4억 년 전에 살았던
잠자리를 닮은 곤충으로
크기가 무려 75cm였지.

배고파 어딨니?

히히

곤충이 지구에서
오래 살아남은 이유를
알려줄게.

작아서 오래 살아남았지.

공룡처럼 몸이 크면 좋을 것 같니?
아니야. 몸이 작으면 장점이 많아.
먹이를 많이 먹지 않으니까
힘들게 먹이를 구하러 다닐 필요가 없어.
또 몸이 작으면 적에게 잘 안 보이고, 숨기 좋지.

날개가 있어서 오래 살아남았지.

자유롭게 날아다니면서
먹이를 찾을 수 있지.
또, 적에게서 재빨리 도망갈 수 있어.

나 잡아 봐라.

뭐
이 정도는……

단단한 껍질이
내 몸을 보호해 줘.

껍질이 단단해서 오래 살아남았지.

곤충은 뼈가 없지만, 단단한 껍질이 뼈 역할을 해.
껍질은 곤충의 몸을 보호해 주고,
뜨거운 곳이나 차가운 곳에서도 견딜 수 있게 해줘.

탈바꿈해서 오래 살아남았지.

곤충은 어렸을 때 모습과 어른이 된 모습이 다른 경우가 많아.
이걸 '탈바꿈'이라고 하는데, 애벌레가 탈바꿈해서
완전히 다른 모습의 어른벌레가 되는 거지.
탈바꿈하면 주변 환경에 맞춰 잘 살 수 있거든.
또, 애벌레가 먹는 먹이와 어른벌레가 먹는 먹이가 달라서,
먹이가 부족해도 살 수 있어.

아작 아작

애벌레

번데기

쪼옥

나비

공부균 선생님의 설명을 들은 아로는 그제야 '곤충은 천재다!'라는 말뜻을 알 것 같았다.

"그래도 지구에는 사람이 더 많이 살겠지요? 인간은 지구의 왕이니까요."

건우가 질문했다.

"아니지! 곤충은 사람하고 비교할 수 없을 정도로 많아. 종류로 따지면, 곤충은 지구에 사는 전체 동물의 75%나 차지하고, 지구에 있는 식물을 다 합친 것보다 더 많아. 지구에 사는 곤충은 사람 1명당 2억 마리 정도 돼."

"저, 저, 정말, 정말 많네요!"

"어마어마해요!"

아로와 건우와 혜리가 동시에 감탄을 터트렸다.

"이제 내가 지구의 주인은 사람이 아니라 곤충일지 모른다고 한 이유를 알겠니?"

"네!"

"곤충이랑 사람은 절대 전쟁을 하면 안 돼! 사람 1명당 곤충 2억 마리랑 싸워야 하니까!"

아로가 혀를 내둘렀다. 혜리가 그런 아로를 보며 혀를 쯧

쯧 찼다.

"곤충이 사람이랑 전쟁을 왜 하니? 넌 만화를 너무 많이 봤어."

익충으로
해충 없애기 작전

　아로는 집으로 가려고 문을 열다 말고 문득 엄마 생각이
떠올랐다.
　"아참! 선생님. 혹시 진딧물 없애는 약 있나요? 저희 엄
마가 아끼는 긴꼬투리콩이랑 해바라기를 진딧물들이 닥치
는 대로 빨아먹고 있어서요."
　"진딧물이라면…… 아, 그래. 훌륭한 청소부들이 있지."
　공부균 선생님은 풀숲으로 가서 뭔가를 잡아 작은 통에
넣고 왔다.
　그 통 안에는 빨간 무당벌레들이 들어 있었다.
　"무당벌레가 진딧물 청소부예요?"
　"그렇다니까. 이 친구들이 진딧물을 모두 없애 줄 거야.
익충으로 해충을 없애는 기지."
　공부균 선생님은 사람에게 이익을 주는 곤충을 익충, 해로운 곤충은 해충이라고 알려 주었다.

"흠! 정말 좋은 작전이에요!"

아로는 선생님이 준 통을 조심스럽게 들고 집으로 왔다. 엄마한테 보였다가는 벌레를 갖고 왔다고 혼날 것 같아서 엄마 몰래 베란다로 갔다.

'진딧물도 많은데 무당벌레까지 생긴 걸 보면 엄마가 가만있지 않으실 텐데……'

아로는 걱정스러운 마음으로 통의 뚜껑을 열어 긴꼬투리콩과 해바라기의 잎에 무당벌레들을 풀어 주었다.

무당벌레들이 날개를 펼치고 이리저리 날아 다녔다.

"무당벌레가 어떻게 진딧물을 없앤다는 거지?"

아로는 알 수 없었지만, 공부균 선생님의 말씀은 틀린 적이 없어서 무조건 믿어 보기로 했다.

며칠 후, 아로의 집에서 놀라운 일이 일어났다.

"아로야, 여보! 나와서 이걸 좀 봐요!"

엄마의 소리에, 아로와 아빠는 베란다로 달려갔다.

"진딧물이 없어졌어! 그 많던 진딧물들이 깨끗하게 사라져 버렸구나!"

엄마는 밝은 표정으로 긴꼬투리콩을 구석구석 살펴보았다.

"제가 그랬어요."

아로는 기분이 좋아서 자기도 모르게 웃음이 킥킥 났다.

"네가? 어떻게?"

엄마 아빠가 동시에 물었다.

"빨간 꼬마 친구들에게 부탁했어요."

"꼬마 친구들이라니? 친구를 데려왔니?"

"아, 저기 있다!"

아로가 이파리에 붙은 무당벌레를 가리켰다.

무당벌레는 분주히 움직이고 있었다.

아로 가족은 숨을 죽인 채 무당벌레를 관찰했다. 놀라운 광경이 펼쳐졌다.

"와! 이럴 수가! 익충으로 해충 없애기 작전 성공!"

무당벌레가 진딧물을 사냥하고 있었다. 단 몇 분 사이에 무당벌레가 먹어 치운 진딧물이 열 마리도 넘었다.

"제가 과학교실 선생님께 부탁드려서 가져온 진딧물 청

소부예요."

"그런데 또 걱정이 생기는구나. 진딧물이 다 없어져서 좋긴 한데, 이 무당벌레들은 어떻게 해야 하니?"

엄마의 질문에, 아로는 얼른 공부균 선생님에게 문자 메시지를 보냈다. 그러자 금방 답장이 왔다.

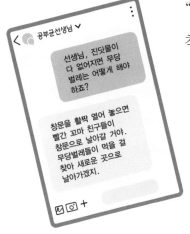

"아, 그렇구나. 호호호, 정말 착한 녀석들이네. 밥이라도 해 주고 싶구나."

엄마가 싱글벙글 웃었다. 아로는 엄마의 얼굴이 활짝 핀 해바라기 같아지자, 마음이 밝아졌다.

다음 날, 아로는 공부균 선생님으로부터 놀라운 사실을 들었다.

"진딧물은 번식 속도가 엄청나게 빠른 곤충이란다. 암컷은 알이 아니라 새끼를 낳지. 그런데 그 새끼의 몸속에 이미 다른 새끼들이 자라고 있고, 그 새끼들의 몸속에 또 새끼들이 있어. 그래서 여름 한철 동안 암컷 진딧물 한 마리가 수백만 마리의 새끼를 낳는 거지."

"와! 그래서 금방 진딧물이 들끓게 되는 거군요!"

"무당벌레는 그런 진딧물을 하루에 100마리까지 잡아먹어. 그래서 무당벌레 같은 곤충을 '천적 곤충'이라고 해. 농

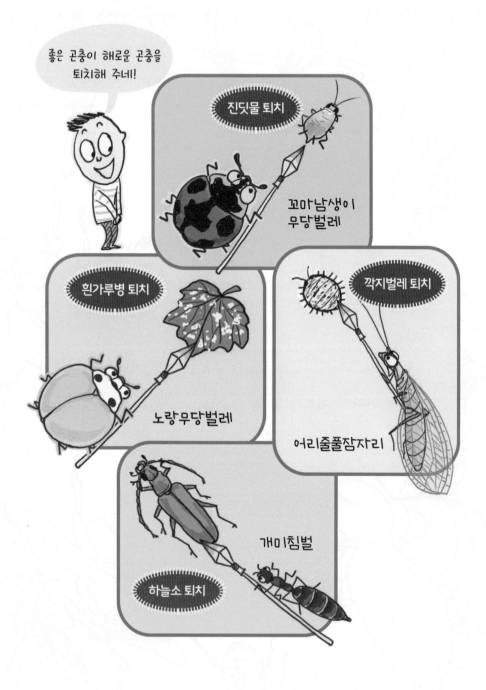

가에서는 진딧물 때문에 큰 피해를 당해. 그래서 진딧물을 없애려고 농약을 많이 뿌리지. 하지만 그 농약 때문에 사람도 피해를 보게 돼."

"좋은 곤충으로 해로운 곤충을 막다니! 그저 쓸모없는 벌레가 아니라 해충을 잡아먹는 아주 고마운 곤충이구나! 역시 곤충은 천재야!"

아로는 점점 곤충이 신기하게 느껴졌다.

"'벌레'라는 단어는 사람에게 해를 끼치는 것 같은 나쁜 느낌을 주잖아. 그러니까 앞으로는 벌레를 '작은 생물'이라고 부르렴."

초파리가 된 아로

창의력 호기심

파리는 왜 자꾸 손으로 빌까?
곤충은 코가 없는데, 어떻게 냄새를 맡지?
초파리로 어떻게 노벨상을 받았을까?

곤충 자동 변신 장치

"이 안으로 들어가 보렴."

공부균 선생님이 냉장고 크기의 상자를 가리켰다.

상자는 마치 스티커 사진관처럼 보였다. 커튼을 열어젖
히자, 스티커 사진기처럼 여러 가지 버튼과 거울이 달려
있었다.

"사진 찍는 거예요?"

아로가 물었다.

"하하, 이건 곤충 자동 변신 장치야."

버튼 위에 여러 종류의 곤충들이 그려져 있었다.

"아로 먼저 해 볼까? 우리한테 가장 친숙한 곤충으로 변
신해 보자."

"제일 착하고 예쁘고 멋지고 훌륭한 곤충으로 부탁해요.
뿔이 달린 장수풍뎅이 같은 걸로요."

44

공부균 선생님이 버튼을 눌렀다.

번쩍! 번쩍! 번쩍!

플래시가 정신없이 터졌다.

잠시 후, 커튼이 젖혀지고, 아로가 곤충 자동 변신 장치
에서 나왔다.

"내 모습 어때?"

아로가 잔뜩 기대하며 물었다.

"으악! 저리 가!"

혜리와 건우가 가까이 다가오지 말라고 소리를 질렀다.

거울에 비친 자기 모습을 본 아로는 울고 싶어졌다.

"선생님, 너무하세요. 많고 많은 곤충 중에 하필이면 왜
파리예요?"

그렇게 말하면서 아로는 자기도 모르게 파리처럼 두 손
을 비벼 댔다.

"이건 초파리야."

"초파리도 파리잖아요!"

"파리는 파리지만, 보통 파리가 아니라 예쁘고 귀여운 고

급 파리지. 미국에서는 초파리를 '과일 파리'라고 불러. 복
숭아, 사과, 포도, 바나나 같은 과일을 주로 먹으면서 살아
가거든. 약간 시큼한 냄새를 좋아해서 '식초 파리' 또는 줄
여서 '초파리'라고 부르지."

아로는 두 다리를 자꾸 비볐다.

혜리와 건우가 웃음을 참으려고 입을 가렸지만, 자꾸 웃
음이 터져 나왔다. 그럴수록 아로는 더욱 울상이 되었다.

"초파리는 인간에게 아주 유용한 곤충이야. 어떤 과학자
는 초파리를 연구해 노벨상을 받기도 했고, 초파리로 인간
의 질병을 치료하는 실험을 하기도 했지. 초파리와 인간의
유전 물질은 70%가 똑같거든. 그래서 현대 의학에서 초파

리로 많은 실험을 하는 거란다."

"초파리가 사람과 비슷하다니! 초파리가 노벨상을 받다니!"

건우가 소리쳤다.

"초파리가 받은 게 아니라, 초파리를 연구한 과학자가 받았다고!"

혜리가 톡 쏘았다.

공부균 선생님이 아로를 가리키며 말했다.

"곤충은 이렇게 머리, 가슴, 배로 이뤄져 있단다. 가슴에는 뭐가 있지?"

"젖꼭지?"

"아니에요! 다리가 6개 달려 있어요."

건우의 말에 선생님이 "그렇지." 하며 고개를 끄덕였다.

"날개는 몇 개가 있지?"

아로가 등 뒤로 손을 뻗어 날개를 셌다.

"3개인가, 4개인가?"

"2개(초파리)에요. 그것도 모르니?"

혜리가 아로한테 혀를 쏙 내밀고는 말했다.

"아로야, 머리를 내밀어 보렴."

공부균 선생님의 말씀에 아로가 머리를 내밀었다.

"뭐가 달려있지?"

"눈이랑 더듬이요."

"눈이 여러 개인데요. 2개, 그리고 3개요."

"그렇지. 겹눈 2개와 홑눈 3개가 있어. 그리고 2개의 더듬이가 있지."

"그런데 선생님, 아로가 살려 달라고 애원하는데요? 자꾸 다리로 빌어요."

"아주 불쌍하고 비굴해 보이는걸?"

건우와 혜리가 눈살을 찌푸리며 말했다.

"내가 그러고 싶어 그러는 줄 아니? 나도 모르게 자꾸 빌게 되는 걸 어떻게 해!"

싹싹 빌면서 아로가 투덜 거렸다.

곤충의 구조

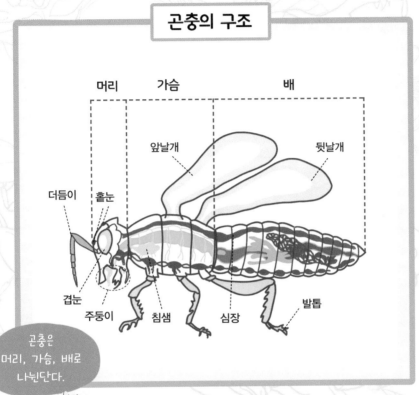

머리   가슴   배

앞날개   뒷날개

더듬이   홑눈

겹눈

주둥이   침샘   심장   발톱

곤충은 머리, 가슴, 배로 나뉜단다.

살려줘요.

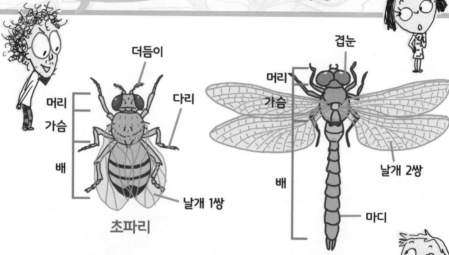

머리	더듬이	겹눈
더듬이와 입, 눈이 있다.	1쌍	1쌍. 벌집처럼 생겼다.

가슴	날개	마디
3개의 마디로 되어 있다. 각 마디에 1쌍의 다리가 있다.	앞날개 1쌍과 뒷날개 1쌍으로, 모두 4개다.	다리와 몸 사이에 마디가 있다.

배	다리
숨을 쉬는 구멍이 여러 개 있다.	가슴에 6개 달려 있다.

파리가 된 아로

"선생님, 저는 왜 자꾸 다리가 손이 되도록 비는 걸까요? 제가 말썽을 많이 피워서 그런가 봐요."

아로가 속상해하면서 물었다.

"하하, 그건 깨끗해지려고 그러는 거야. 다리를 자세히 보렴. 가느다란 털이 나 있지? 파리는 여기저기 돌아다니니까 털에 더러운 게 자꾸 묻는단다. 그래서 털에 묻은 것들을 털어 내려고 자꾸 비벼 대는 거야. 그리고 파리는 혀 대신 앞다리로 맛을 느낀단다."

"아하, 앞다리로 맛을 봐야 하니까 앞다리를 자꾸 닦는 거군요."

"이 털 달린 다리로 맛을 본단 말이야? 웩, 웩, 웨엑!"

혜리가 토하는 시늉을 했다.

아로는 건우가 가까이 다가가자 "혜리야?"라고 불렀다.

"아로야, 난 건우야. 잘 안 보여? 눈이 5개나 있잖아."

"응. 세상이 모자이크처럼 엉성하게 보여."

"아빠, 곤충은 왜 세상이 모자이크처럼 보이는 거예요?"

혜리의 질문에, 공부균 선생님이 아로의 눈을 가리키며 대답했다.

"겹눈으로 보기 때문이지. 낱개로 된 눈이 홑눈이고, 수 많은 육각형의 홑눈이 모인 것이 겹눈이란다. 겹눈은 또렷하게 보이진 않지만, 물체가 살짝만 움직여도 금방 알아챌

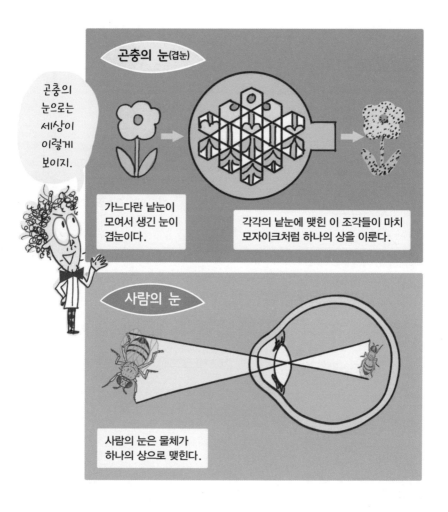

곤충의 눈으로는 세상이 이렇게 보이지.

곤충의 눈(겹눈)

가느다란 낱눈이 모여서 생긴 눈이 겹눈이다.

각각의 낱눈에 맺힌 이 조각들이 마치 모자이크처럼 하나의 상을 이룬다.

사람의 눈

사람의 눈은 물체가 하나의 상으로 맺힌다.

수 있는 장점이 있어."

아로는 겹눈을 가리고 주위를 한 번 보고, 다시 홑눈을 가리고 주위를 한 번 보았다.

"아, 알겠어요. 홑눈으로 빛의 세기를 보고요. 겹눈으로 색깔과 모양을 구분해요. 하지만 사람처럼 물체의 모양이 잘 보이지는 않아요. 건우, 꼼짝 마!"

내 눈은 겹눈!
꼼짝 마!

"등 뒤에서 움직이는 내가 보여?"

건우가 놀라서 물었다.

"으하하하, 보여! 선생님, 곤충의 눈을 달면 숨바꼭질할 때 정말 좋겠어요. 사람이 볼 수 없는 뒤쪽까지 다 보여요. 그리고 움직이는 물체는 움직임이 아주 커 보여요. 그래서 어떤 움직임도 놓치지 않을 수 있어요. 신기해요!"

"아하, 그래서 곤충을 손으로 잡을 수 없었구나. 사람이 조금만 움직여도 금방 알아채고 재빨리 도망가는 거네."

건우와 혜리는 아로의 눈을 부러운 눈길로 바라보았다.

"자신이 어떤 곤충인지 알아맞혀 볼까."

공부균 선생님이 웃으면서 퀴즈를 냈다.

"이게 더듬이야? 다리야? 왜 이렇게 뭉툭하지?"

건우가 말했다. 혜리는 자기 더듬이를 움직여 보았다.

"저는 가늘고 길어요. 더듬이 끝에 혹 같은 게 붙어 있고요. 아빠는 대나무처럼 마디가 있네요. 음, 어디서 많이 본 것 같은데……. 어떤 곤충이었지?"

"헤헤, 내 더듬이가 최고야! 이렇게 아름다운 더듬이를 본 적 있니?

"나는 아마 나비일 거야! 그렇지요? 선생님, 맞지요? 여왕님의 왕관처럼 우아하잖아요."

아로는 한껏 자기 더듬이를 뽐냈다.

"건우의 더듬이는 풍뎅이. 내 더듬이는 하늘소. 혜리의 더듬이는 나비란다."

공부균 선생님이 하나씩 가리키며 설명했다.

"그럼, 저는요? 저도 나비가 맞지요?"

"아로는 나방!"

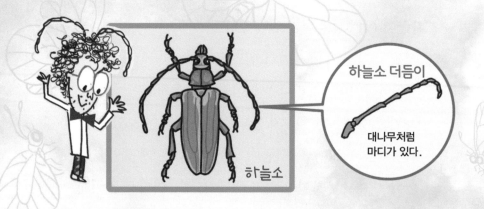

하늘소 더듬이

대나무처럼
마디가 있다.

하늘소

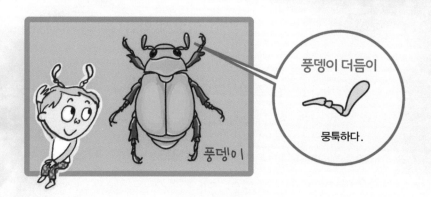

풍뎅이 더듬이

뭉툭하다.

풍뎅이

나비
더듬이

가늘고 길다.
더듬이 끝에 혹
같은 게 붙어 있다.

나비

"헉! 징글징글 나방이라고요? 이렇게 아름다운 더듬이가
나방의 더듬이라니 믿을 수 없어요!"

"누에나방이야. 나방도 얼마든지 아름다울 수 있단다."

"하지만…… 내가 제일 싫어하는 나방이라니!"

아로가 실망하자, 더듬이가 축 늘어졌다.

누에나방 더듬이

긴 털이 나 있다.

누에나방

"그래도 곤충에게 더듬이는 아주 중요해. 사람의 눈, 코,
귀, 입 같은 역할을 한단다. 곤충은 더듬이로 방향, 소리,
맛을 느낄 수 있어."

"선생님, 배가 고픈데 간식 좀 먹으면 안 될까요?"

"좋아. 그러면 곤충으로 변해서 간식을 먹어 보자꾸나."

선생님은 냉장고에서 빵과 우유를 꺼냈다. 그리고 네 사람은 다시 곤충 자동 변신 장치로 들어갔다.

번쩍 펑, 번쩍 펑, 번쩍 펑. 번쩍 펑.

이번에는 네 사람의 입이 곤충의 입으로 변했다.

"사람 입은 어떤 음식이든 자유롭게 먹을 수 있지만, 곤충은 그렇지 못해. 빠는 입, 찌르는 입, 핥는 입, 씹는 입으로 나눌 수 있지. 대표적으로 나비가 빠는 입이야."

"제 입은 어떤 곤충의 입이에요? 긴 빨대 같은 게 달려 있는데요."

건우가 우유를 빨아 먹으며 물었다.

"매미 입이야. 매미는 찌르는 입을 가졌단다."

60

"아빠, 제 입은 사슴벌레 같은데요?"

혜리가 탁탁 뿔을 부딪쳐 빵을 쪼개며 말했다.

"그래. 사슴벌레는 핥는 입이야. 장수풍뎅이도 핥는 입이지. 내 입은 무슨 입 같니?"

공부균 선생님이 자신의 입을 가리켰다.

"아주 날카로워 보이네요. 씹는 입이 분명해요."

건우의 말에, 공부균 선생님이 고개를 끄덕였다.

"나는 사마귀란다. 사냥꾼답게 턱이 잘 발달했지. 그런데 아로야, 넌 지금 뭐 하는 거니?"

공부균 선생님이 아로에게 물었다.

아로는 빵에 침을 퉤퉤 뱉고 있었다.

"이상하게 자꾸 침을 뱉고 싶어요. 카악 퉤, 카악 퉤. 대체 저는 어떤 곤충의 입일까요?"

"아로야, 넌 파리구나."

"꺅! 또 파리예요?"

"파리의 입은 핥는 입이지."

"그런데 왜 자꾸 침을 뱉는 거지요? 카악, 퉤퉤퉤."

"파리는 먹기 전에 음식 위에 소화액을 토해. 그래서 음

62

식을 분해해서 핥아먹지. 그래서 이빨이 없어도 먹을 수 있는 거란다."

"더럽다니까! 너 때문에 빵 맛 다 떨어졌어!"

혜리가 소리쳤다.

"너도 이렇게 먹어 봐. 엄청 맛있다니까. 네 빵도 내가 먹어 줄게. 퉤퉤퉤."

"곤충들은 정말 놀라운 능력을 갖춘 것 같아요. 이제야 선생님이 '곤충은 천재다!'라고 하신 이유를 알겠어요."

건우가 대단한 경험을 했다는 표정을 지었다.

"저도 롤러코스터를 한 번도 쉬지 않고 열 번 탄 기분이에요. 내가 파리 인간이 되었다니!"

아로는 여전히 파리의 습성이 남아 있는지 손을 비비면서 말했다.

"아로야, 집에 가서 밥 먹을 때 절대로 침 뱉으면 안 돼."

혜리가 눈을 치켜뜨며 주의를 주었다.

아로는 문득 애벌레를 주이려던 아이들이 생각났다. 집 안으로 들어온 벌레를 잡던 아빠도 떠올랐다.

"그런데 선생님, 왜 사람들은 곤충을 보면 무조건 죽이려고 하는 걸까요?"

아로가 물었다.

공부균 선생님은 조금 심각한 표정을 지었다.

"나는 오히려 사람들에게 묻고 싶구나. 곤충이 지구에서 모두 사라진다면 사람은 과연 행복해질까, 하고. 너희 생각은 어떠니?"

"음……. 그런 건 아닌 것 같아요. 나비를 보면 기분이 좋아져요."

"곤충이 사라지면 인간도 살 수 없어. 꽃가루를 옮겨줘서 열매를 맺게 해 주는 게 곤충이야. 곤충은 식량 생산과 생태계를 보전하는 핵심적인 역할을 하지. 그런데 곤충은 해마다 2.5%씩 줄어들고 있어. 기후 변화와 환경 오염, 서식지가 줄어들기 때문이지."

"결국은 사람 때문에 곤충이 점점 사라지고 있다는 말이네요?"

아로의 말에 공부균 선생님이 고개를 끄덕였다.

아로의
아주 특별한 비밀

"얼른 집에 가야지. 몽실이가 기다리고 있어."

수업이 끝나자, 미진이가 서둘러 교실을 나섰다.

"몽실이가 누구야?"

진규가 미진이를 따라가며 물었다.

"몽실이는 내 동생이야. 하얀 털이 몽실몽실한 몰티즈 강아지. 얼마나 귀여운지 몰라."

미진이는 생각만 해도 귀엽다는 듯 두 팔로 자기 몸을 껴안으며 대답했다.

"그까짓 강아지. 우리 집에는 고슴도치 있다! 하얀 고슴도치!"

진규가 배를 내밀며 자랑했다.

"피, 겨우 고슴도치 갖고 큰 소리냐? 우리 집에는 도마뱀 있어. 완전 공룡처럼 생겼지. 귀뚜라미를 덥석 잡아먹어."

재희는 도마뱀처럼 두 손바닥을 귀 뒤에 대고 혀를 널름거렸다.

"아로야, 너희 집은 뭘 키우니?"

아이들이 아로를 향해 물었다.

"아, 우리 집에도 있어. 난 아주 특별한 걸 키우지."

"그게 뭔데?"

"그러니까 그건…… 꼬물이야."

"꼬물이? 그런 애완동물도 다 있니?"

아로는 헤헤 웃으면서 신발주머니를 흔들며 과학교실로 달려갔다.

꼬물이는 아로가 지어 준 이름이다.

꼬물이는 손가락보다 작고, 더듬이와 날개가 없는 애벌레였다. 기다란 몸으로 꾸물꾸물 나뭇가지 위로 기어다니며 나뭇잎을 갉아 먹는 애벌레 말이다.

석수와 아이들로부터 구출해 온 애벌레는 과학교실에서 다시 건강해졌다. 키 작은 복숭아나무를 이리저리 기어다니며 복숭아잎을 갉아 먹었다.

아로는 날마다 과학교실에 들러 애벌레에게 먹이를 주는 게 즐거웠다.

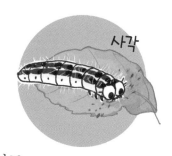

먹기 좋은 연한 나뭇잎을 따서 내밀면 애벌레는 처음에는 움찔하다가도 아로가 준 것을 아는지 잘 받아먹었다. 어찌나 잘 먹는지 사각사각 씹는 소리가 들릴 정도였다.

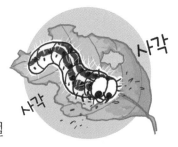

하지만 아로는 친구들에게는 차마 애벌레를 키운다고 말할 수 없었다.

아로는 과학교실로 들어가자마자 옷과 가방을 벗으면서 부리나케 베란다로 달려갔다.

"어디 갔니? 꼬물아, 내가 왔어."

아로가 잎사귀들을 살펴볼 때, 혜리의 목소리가 들려왔다.

"요즘 학교 끝나면

날마다 과학교실로 달려오는데, 베란다로 들어가서 대체
뭘 하는 거니?"

혜리가 수상한 눈길로 물었다.

"아, 아무것도 아니야. 그냥 베란다에서 창밖을 보는 게
좋아서……."

"그런데 이아로! 지금 껍데기를 벗어 놓은 거야? 허물을
벗어 놓은 거야?"

"내가 뱀이냐? 허물을 벗게?"

혜리가 화난 얼굴을 하고 손가락으로 바닥을 가리켰다.
아로가 지나간 자리에 가방, 신발주머니, 양발, 옷 등이 여
기저기 놓여 있었다.

혜리의 눈썹이 질끈 올라간 걸 보니 신경이 몹시 날카로

워 보였다.

"아빠가 독감에 걸려서 얼마나 편찮으신지나 알아? 난 아빠 간호하느라 정신이 없는데, 넌 교실을 어지럽히기만 하니?"

혜리가 책상을 가리키며 또 한 번 소리쳤다.

"너만 오면 과학교실이 정리가 안 돼!"

혜리의 목소리가 싸늘하게 울렸다. 혜리는 주방에서 공부균 선생님이 먹을 죽을 준비하면서 중얼거렸다.

"아로야, 우리가 언제까지 철부지로 살 수는 없어. 우리도 어른이 돼야 하잖아."

그 말에 아로는 바닥에 붙어 버릴 정도로 기가 죽었다.

"약국 다녀올 때까지 다 치워."

혜리가 문을 쾅 소리를 내며 닫았다.

혜리가 교실에서 나가자마자, 아로는 얼른 베란다로 달려갔다.

"꼬물아, 어디 있니? 아, 여기 있었구나!"

아로는 애벌레를 보자마자 청소해야 하는 걸 금세 까먹었다.

"온종일 여기 있으니 답답하지? 그렇지만 다시는 밖에 나가면 안 돼. 석수 같은 애들한테 잡히면 큰일 난단 말이야."

아로는 애벌레에게 연한 복숭아 잎을 따서 내밀었다.

"응? 뭐라고?"

아로는 애벌레에게 귀를 기울이며, 애벌레가 진짜 대답이라도 하는 것처럼 혼자 중얼거렸다.

"아하, 너도 학교 가고 싶다고? 학교 가면 친구들이랑 같이 놀 수 있어서 좋지만, 요즘 숙제가 얼마나 많은지 몰라. 휴! 넌 좋겠다. 숙제 같은 거 안 해서."

아로는 숙제 생각에 갑자기 한숨이 났다.

"전에는 그러지 않았는데, 공부왕 교장 선생님이 새로 오
시면서 숙제가 많아졌어. 큭큭, 뭐? 너도 이름이 웃긴다
고? 나도 웃겨. 그렇지만 웃으면 큰일 나. 교장 선생님은
자기를 보고 웃는 아이들을 보면 무섭게 노려보시거든."

아로는 가방에서 종이를 꺼내 왔다.

"꼬물아, 이게 뭐냐 하면, 오늘 다 외워야 하는 숙제야.

곤충의 먹이에 대해 달달 외워 오래. 예전에는 실험도 하고, 밖에서 관찰도 해서 좋았는데 이젠 시험공부만 해야 해. 시험에 통과하지 못하면 남아서 달달 외워야 해. 통과할 때까지 계속! 아휴! 난 머리가 나빠서 외우는 거 잘 못하는데, 아휴, 아휴, 아휴!"

아로는 화가 난 고릴라처럼 가슴을 두드리며 한숨을 열 번쯤 쉬었다.

"자, 이것도 먹어. 너랑 더 놀아 주고 싶지만, 난 이제 무시무시한 혜리가 오시기 전에 청소해야 하고, 또 숙제를 내 머릿속에 복사해야 하거든. 그러니까 이따 또 보자. 들키지 말고, 꼭 숨어 있어야 한다는 거, 알지? 그럼, 안녕!"

아로는 애벌레를 향해 손을 흔들고는 소파에 드러누웠다. 그리고 프린트 종이를 읽다가 자기도 모르게 잠이 들어 버렸다.

지구를 지키는 청소부

"이아로! 뭐야?"

혜리의 목소리가 귓전에서 종처럼 울렸다. 아로는 자다가 말고 벌떡 자리에서 일어났다. 혜리가 과학교실의 방을 둘러보고 있었다.

'어이쿠! 큰일 났네.'

아로는 찬물을 뒤집어쓴 듯 정신이 번쩍 들었다. 청소를 안 해 놨으니 혜리한테 또 혼이 나겠구나 싶었다. 그런데 화가 잔뜩 난 얼굴일 줄 알았던 혜리의 얼굴이 환하게 밝아지며 따뜻한 미소가 번졌다.

"와! 교실이 이렇게 깨끗할 수 있다니. 우리 아빠보다 더 잘 치웠네. 네가 이렇게 정리 정돈을 잘할 줄은 몰랐어."

"뭐?"

아로는 눈을 동그랗게 뜨고 교실을 들여다보았다. 먼지

하나 없이 깨끗했다. 교실에서 샤방샤방 빛이 나는 것 같
았다.

"어? 내가 그런 게 아닌데……."

"응, 알아. 네가 아니라 네 손이 그랬겠지. 에잇, 착한 손
같으니라고!"

'내가 꿈을 꾼 건가? 아니면 누가 왔다 갔나? 왼손이 한
일을 오른손이 모르게 하라지만, 내가 한 일을 내가 왜 모

르지? 에라, 모르겠다. 숙제나 해야겠다.'

아로는 학교에서 준 프린트 종이를 펼쳐 놓고 외우려고 했다. 곤충의 먹이에 대해 적어 놓은 글자들이 종이 위에서 아로를 말똥말똥 바라보는 것 같았다.

"곤충이 먹는 식물은 이끼, 고사리, 과일, 씨앗……. 아, 또 까먹었다! 정말 안 외워지네. 곤충들이 먹는 모습을 직접 보면 절대 안 잊어버릴 것 같은데."

아로는 공부균 선생님에게 가르쳐 달라고 하고 싶었지만, '절대 안정'이라고 혜리가 써 붙여 놓은 방문을 열 수는 없었다.

아로는 터벅터벅 걸어 근처의 공원으로 갔다.

"곤충들이 어디 있지? 뭘 먹는지 봐야 하는데, 지금 식사 시간이 아닌가? 다들 어디로 갔니? 석수랑 아이들이 자꾸 괴롭혀서 모두 도망갔니?"

아로는 풀숲을 이리저리 살펴보았다. 그때였다.

작은 나무들이 흔들리기 시작했다. 버스럭버스럭. 부스럭부스럭.

뭔가가 아로를 향해 점점 가까이 다가오고 있었다.

"으…… 으……."

풀숲에서 뭔가 쑥 올라왔다. 그건 노란색의 둥근 모양이었다. 둥근 모양이 서서히 아로를 향해 방향을 틀었다.

"어? 아!"

둥근 모양은 노란색 후드티에 달린 모자였다. 처음 보는 여자아이가 노란색 후드티에 달린 모자를 머리까지 뒤집어쓰고 있었다.

"너 아로지? 이아로."

아로와 비슷한 또래 같은 여자아이가 아는 척을 했다.

아로는 '어디선가 만난 적이 있겠시.'라고 생각하고 더 묻지 않았다.

"여기서 뭐 하니?"

"곤충을 찾고 있어. 곤충들이 뭘 먹고 사는지 살펴보려고."

아로가 대답했다.

여자아이는 풀숲에서 기어 나와 옷에 붙어 있는 나뭇잎과 덤불을 툭툭 털어 냈다. 금방 샤워하고 나온 것처럼 피부가 하얗고 까만 눈동자가 초롱초롱했다. 아로는 여자아이의 눈이 꼭 샘물처럼 맑아 보인다고 생각했다.

"내가 곤충 찾아 줄까? 나도 곤충 좋아하거든."

여자아이가 물었다.

"여자애들은 곤충을 무서워하고 싫어하는데, 넌 안 그러네?"

"곤충이 나쁜 짓을 하는 것도 아닌데 왜 싫어하니? 곤충이 사람을 더 무서워하고 싫어하지."

"넌 이름이 뭐니?"

아로가 물었다.

"내 이름은 연두야. 난 연둣빛이 나는 나무와 풀들을 아주 좋아하거든."

연두는 눈을 찡긋하며 미소를 지었다.

"연두야, 저 곤충 봐. 아까부터 우리 앞을 먼저 가. 따라가면 풀쩍 날아서 앞으로 가고, 따라가면 폴짝폴짝 또 앞으로 가네."

"아, 저건 '길앞잡이'라는 곤충이야. 딱정벌레 종류인데, 사람이 길을 지나가면 날아올라서 몇 미터 앞쪽에 앉고, 또 가까이 가면 앞쪽으로 가. 마치 사람의 길을 안내하는 것 같다고 해서 '길앞잡이'라고 불러."

"아하, 아빠랑 산책할 때 앞에 튀어가던 곤충이 길앞잡이였구나."

'길앞잡이'라고 불러.

80

아로와 연두는 길앞잡이를 졸졸 따라갔다.

"길앞잡이는 색깔이 알록달록하네. 몸 빛깔이 참
아름답구나. 그렇게 예쁜 걸 보니까 과일을
먹고 살 것 같아."

"알고 보면, 엄청나게 무서운 곤충이
야. 다른 곤충들을 잡아먹고 사
는 사냥꾼이야. 턱이 아주
무시무시하게 생겼어.
우리는 항상 조심해
야 한다고 할머니
가 그러셨어."

"우리라니?"

아로가 물었다.

"아, 아니.
곤충 말이야."

연두가 얼버무렸다.

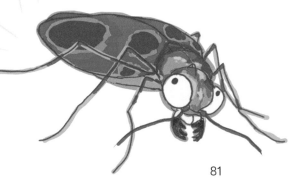

알쏭달쏭 연두 소녀

"여기 있다. 이것 봐."

연두가 가리킨 나무에 곤충 한 마리가 붙어 있었다.

아로와 연두는 조심스럽게 곤충을 들여다보았다.

"이건 무슨 곤충이지? 색깔이 진한 보라색이네."

아로가 물었다.

"풍뎅이야. 지금 나무의 진액을 먹는 중이지."

"나무 진액?"

"나무에서 생겨나는 액체야. 영양분이 있어서 곤충들이
즐겨 먹어. 풍뎅이는 나무 진액도 먹고 식물의 잎이나 꽃,
열매도 먹지. 애벌레는 사람들이 심은 어린 과일나무의 뿌
리나 잎을 먹기도 해서 사람들이 싫어해."

풍뎅이가 아이들 목소리에 놀랐는지 날개를 펼치고 날아
가 버렸다.

"연두야, 넌 곤충이 안 징그럽니? 우리 엄마는 곤충만 보면 징그럽다고 비명을 지르는데."

"사람들은 자신들의 기준으로 곤충의 생김새를 판단하니까 징그러운 거야. 만약 사람이 곤충처럼 생겼다면 곤충을 징그럽다고 할까?"

아로는 할 말을 잃었다.

"사람은 비슷하게 생겼잖아. 하지만 곤충은 종류에 따라

생김새가 아주 다르지. 왜냐하면 환경에 적응하면서 생김새가 변화해서 그래. 곤충이 공룡처럼 멸종하지 않고 지구에서 4억 년이 넘도록 살아남은 이유가 뭔지 아니? 생김새를 바꿔 가면서 자연환경에 재빨리 적응했기 때문이야."

연두의 등 뒤로 나비 두 마리가 꽃밭 위에서 날갯짓했다.

"저길 봐. 나비 두 마리가 춤을 추네?"

"꿀을 먹기에 좋은 자리를 차지하려고 자리다툼을 하는 거야."

연두는 나비의 행동을 알아본다는 듯 말했다.

"동물에는 풀을 먹는 초식 동물, 동물을 잡아먹는 육식 동물이 있지? 곤충도 그래. 식물을 먹는 초식 곤충이 있고, 벌레나 곤충을 잡아먹는 육식 곤충이 있어. 초식 곤충은 식물의 뿌리, 줄기, 잎, 꽃, 씨앗, 과일, 이끼, 진액 등을 먹어."

"와! 연두야, 그런데 넌 곤충에 대해 모르는 게 없구나. 어떻게 그렇게 잘 아니? 곤충들은 또 뭘 먹고 사는지 가르쳐 줘. 내일 시험 보거든."

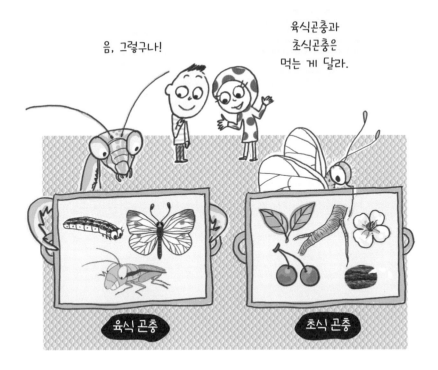

음, 그렇구나!

육식곤충과
초식곤충은
먹는 게 달라.

육식 곤충

초식 곤충

아로가 부탁했다.

"시체!"

"시체? 사람 시체?"

놀란 아로의 목소리가 커졌다.

"응. 시체를 먹기도 해. 사람뿐만 아니라 다른 동물들의
사체도 먹지."

연두의 말에, 아로는 오싹 소름이 돋았다.

그러자 이번에는 연두가 아로에게 물었다.

"만약 지금까지 죽은 동물들의 사체가 지구에 그대로 쌓여 있다면 어떻게 됐겠니?"

"지구 전체가 시체로 덮여 있겠지?"

"그래. 지구 전체가 아주 끔찍할 거야. 그런데 그런 동물들의 사체 들을 누가 치우는지 알아? 바로 곤충들이야. 곤충들이 아주 작게 분해해 버리거든. 시체들이 흙으로 다시 돌아갈 수 있도록 청소해 줘. 곤충은 지구의 청소부와 같지."

"아, 그렇구나. 시체를 먹는다는 게 그렇게 중요한 일인지 몰랐어."

아로는 고개를 끄덕였다.

어디선가 사람의 목소리가 들렸다. 연두는 깜짝 놀란 표정을 짓더니 힐끔힐끔 주변을 두리번거리다가, 나무 뒤에 숨어 버렸다. 아로도 덩달아 연두 옆에 숨었다.

"너 숨바꼭질하니?"

"호호호, 난 낯선 사람한테 들키는 게 싫거든."

연두가 수줍은 미소를 지었다. 아로는 연두를 따라 사람이 거의 다니지 않는 풀숲으로 자리를 옮겼다.

연두는 오후의 햇살 속에서 두 팔을 흔들며 춤을 추었다. 연두가 입은 옷이 마치 나비의 날개처럼 하늘거렸다.

"연두야, 넌 춤을 예쁘게 추는구나. 정말 나비 같아."

"호호호, 그러니?"

"곤충이 그렇게 좋아?"

"아니, 네가 좋아. 아로가 좋아."

갑자기 심장이 콩닥콩닥 뛰며 아로의 얼굴이 화끈 달아올랐다.

아로는 연두 뒤를 따라 빙글빙글 돌며 춤을 추었다.

아로는 금방 어지러워서 풀밭에 잠시 앉아 눈을 감았다. 바람에 섞인 향기로운 냄새를 맡으니까 구름 위에 오른 듯 기분이 좋았다.

"이아로, 여기서 뭐 하는 거냐?"

누군가 아로를 흔들었다. 눈을 뜨자 뱅뱅 말린 수염이 눈에 들어왔다.

공부왕 교장 선생님이었다.

아로는 비명을 지르며 벌떡 일어났다.

"왜 그렇게 놀라느냐? 꼭 도깨비라도 본 얼굴이구나!"

"어? 연두가 어디 갔지?"

"누구 말이냐?"

"저랑 같이 놀던 친구요."

"무슨 소리냐? 내가 아까부터 저쪽 육교 위에서 보고 있었는데, 넌 혼자였어. 네가 하얀 나비를 쫓아다니면서 춤을 추고 있더라고."

교장 선생님이 고개를 저으며 입을 실룩거렸다.

"아닌데요. 저는 연두랑 같이 놀았단 말이에요."

아로는 나무와 안내판 뒤를 살펴보았지만, 연두를 찾을
수 없었다.

"쯧쯧, 이상한 녀석이로군. 나비 따위를 쫓아다니다니."

공부왕 교장 선생님은 혀를 차며 뒷짐을 지고 사라져 갔다.

숲속 작은 친구들의 집짓기

"아로야, 너 오늘 학교에서 백 점 맞았지?"

공원에서 기다리던 아로에게 연두가 하늘처럼 맑고 고운 눈으로 미소를 보냈다.

"어? 연두야, 네가 그걸 어떻게 알았어?"

"오늘도 숙제를 내주셨잖아. 곤충들이 사는 법에 대해 알아보라면서?"

"와! 신통방통하네! 어떻게 안 거야?"

연두는 대답 없이 미소를 지었다. 아로와 연두는 달산으로 놀러 가기로 했다.

달산은 예전에는 아주 울창한 숲이 있는 산이었다. 하지만 신도시를 만든다면서 산을 깎고 개울을 메워 초고층 아파트들과 건물들이 들어서서 작아진 산이었다.

달산 기슭으로 맑은 개울물이 졸졸 흘렀다.

연두와 아로는 개울물 근처의 바위에 엎드리고 개울물 속을 살폈다.

가만히 보고 있자, 지푸라기 같은 게 기어다녔다.

"지푸라기가 살아 있나?"

그때 나뭇가지와 지푸라기 사이로 머리를 쏙 내밀고 꼬물꼬물 조금씩 움직이는 곤충이 보였다.

"가재처럼 생겼네? 이런 곤충은 처음 봐."

아로가 말했다.

"날도래 애벌레야."

"왜 나뭇가지와 나뭇잎을 지고 다녀?"

"그건 날도래 애벌레가 지은 집이야. 입에서 실을 토해서 나뭇가지와 나뭇잎, 모래, 작은 돌을 엮어 집을 짓지. 물고기들이 날도래 애벌레를 잡아먹으니까 집을 지어 숨어 사는 거야."

"달팽이랑 비슷하네!"

아로는 신기해서 입을 벙긋거리며 웃었다.

"날도래 애벌레는 집 모양을 여러 가지로 지어!"

연두는 나뭇가지로 바위에 그림을 그리며 말했다.

"우묵날도래는 나뭇가지와 모래로 통 모양의 집을 만들고, 날개날도래는 부채 모양, 달팽이날도래는 달팽이 모양으로 집을 짓지. 또 네모집날도래는 나뭇잎으로 사각기둥

모양의 집을 지어.”

"히야, 날도래 애벌레는 집짓기 선수구나."

"날도래 애벌레는 맑은 물에만 살아. 그래서 날도래 애벌
레가 살고 있으면 아주 깨끗한 물이란 걸 알 수 있지."

"물이 얼마나 오염됐는지 알려 주는 곤충이구나."

아로는 연두를 따라 숲속으로 들어갔다. 커다란 향나무
에서 향긋한 냄새가 퍼졌다.

그때 작은 새 한 마리가 나뭇가지에 앉았다.

"저길 봐. 박새다, 박새! 박새가 곤충 사냥을 하고 있어. 쉿!"

박새는 고개를 갸웃거리며 먹이를 찾았다. 뭔가를 쪼아 먹으려다가 머뭇거리고는 다시 휘리릭 날아갔다.

연두와 아로가 가까이 다가가 살펴보았다. 애벌레 한 마리가 꿈틀거리며 나뭇잎을 기어가는 중이었다.

"왜 박새가 이 애벌레를 먹지 않았지?"

아로가 묻자, 연두가 대답했다.

"이 애벌레는 박새 눈에 새똥이 한 무더기 쌓여 있는 것처럼 보여. 작고 힘없는 곤충들은 이렇게 자기 몸을 똥처럼 보이게 해서 생명을 보호해. 배자바구미도 그렇고, 왕벼룩잎벌레도 그렇지."

"그러고 보니 그러네. 알록달록한 까만 무늬가 새똥처럼 보일 것 같아. 뿔도 달렸는데?"

"저건 고약한 냄새를 퍼뜨리는 냄새뿔이야. 천적이 다가오면 냄새뿔을 바짝 세우거든. 그러면 고약한 냄새가 나서 천적들이 피하는 거야."

"더럽고 징그럽다."

아로는 코를 잡았다.

"지금은 이런 모양이지만, 이 애벌레가 자라면 아주 예쁜 나비가 돼."

아로는 믿기 힘들었다.

"나비 중에서도 호랑이처럼 멋진 호랑나비가 되지. 이 애벌레는 호랑나비가 되겠다는 간절한 꿈을 품고 이런 징그러운 몸을 참아 내고 열심히 살아가는 거야. 사람에게나 곤충에게나 꿈은 소중한 거니까."

"똥처럼 생긴 게 나중에 호랑나비가 되다니!"

아로는 마음이 뭉클거리며 감동이 밀려왔다.

연두의 노래

아로는 연두를 따라 더 깊은 숲속으로 들어가 오르막길을 올랐다.

등산로와 떨어져 있어 사람들이 다니지 않는 길이었다.

길이 험했지만, 아로는 연두가 손을 잡아 주어서 힘들지 않게 올라갈 수 있었다. 바위를 끼고 고개를 돌자 갑자기 평편한 땅이 나타났다. 나무들 사이로 햇살이 눈부시게 쏟아졌고, 하얀 꽃들이 아름답게 피어 있었다.

"와, 이런 곳도 있었구나!"

아로의 발에 나뭇가지가 밟혀 뚝 부러지는 소리가 났다.

그 순간, 놀라운 일이 일어났다!

하얀 꽃들이 하늘로 날아올랐다!

수십, 수백 송이의 하얀 꽃들이 날갯짓하며 하늘로 올라갔다!

"아! 꽃이, 꽃이 난다!"

그런데 자세히 보니 그것은 꽃이 아니었다. 나비였다!

하얀 나비 수백 마리가 한꺼번에 하늘로 날아오른 것이다.

마치 아로와 연두를 반겨 주는 듯했다.

나비들은 하얀색에 검은 줄무늬가 있었다.

"신비해! 내가 나비 나라에 온 것 같아!"

"이 나비들은 하얀 나비가 아니야. 실제로는 검은 나비야. 하얀 털로 덮여 있어 희게 보이는 거야. 얼룩말처럼."

"달산에 이런 곳이 있었다니!"

그때 신기한 일이 일어났다. 나비들이 한 마리 두 마리 다가오더니 연두의 머리와 어깨와 팔에 내려앉았다. 아로의 머리와 어깨에도 내려앉았다.

"나비들이 우리를 좋아하나 봐."

"그래. 넌 나쁜 사람이 아니니까. 나비도 그걸 알아."

아로는 기분이 좋아졌다.

곤충들이 무서워하지 않으니까 기분이 좋았다. 아로는

곤충들이 사람만
보면 왜 도망치는지
이제 알 것 같았다.

"아, 사람이랑 곤충이랑 어울려서 살면
정말 행복할 것 같아."

"아로야, 나 이제 널 못 만나."

"……."

아로의 발걸음이 멈추어졌다.

"나 멀리 떠나야 하거든."

"이사 가는 거야? 어디로?"

아로는 마음이 냉장고에 들어간 것처럼 차가워졌다.

"내가 찾아갈게. 차로 가면 아주 먼 곳도 갈 수 있어. 더
먼 곳은 비행기 타고 가면 돼. 어디로 가는데?"

아로가 눈을 비볐다. 눈물이 나올 것 같았다.

"내가 마지막 선물로 노래 하나 불러 줄까?"

연두는 나비처럼 춤을 추며 노래했다.

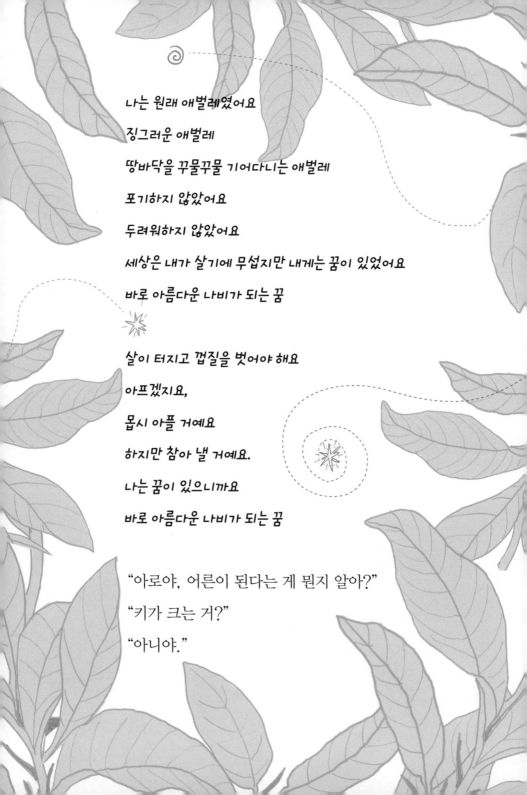

나는 원래 애벌레였어요

징그러운 애벌레

땅바닥을 꾸물꾸물 기어다니는 애벌레

포기하지 않았어요

두려워하지 않았어요

세상은 내가 살기에 무섭지만 내게는 꿈이 있었어요

바로 아름다운 나비가 되는 꿈

살이 터지고 껍질을 벗어야 해요

아프겠지요,

몹시 아플 거예요

하지만 참아 낼 거예요.

나는 꿈이 있으니까요

바로 아름다운 나비가 되는 꿈

"아로야, 어른이 된다는 게 뭔지 알아?"

"키가 크는 거?"

"아니야."

"늦게 자도 된다는 거?"

"그것도 아니야. 어른이 된다는 건 꿈을 이룬다는 거야. 자기 혼자 자신의 길을 걸어간다는 거야. 외로워도, 힘들어도, 슬퍼도 참아 낼 줄 안다는 거야."

"아, 그런 거였구나. 난 나이를 먹으면 저절로 어른이 되는 줄 알았어."

"아로야, 어른이 된다는 건 자기 몸을 자기가 돌볼 줄 알게 된다는 뜻이야."

"아, 그런 거였구나. 난 어른이 되려면 한참 멀었나 봐. 난 엄마가 없으면 아무것도 못 하거든."

아로는 눈물이 자꾸 나서 손등으로 눈물을 닦았다.

아로는 연두와 손을 잡고 산에서 내려왔다.

"여기서 헤어지자. 아로야, 뛰어가. 열 번 셀 때까지 우리 돌아보지 않기로 하자."

아로는 뒤를 돌아보지 않고 마구 뛰었다.

'하나, 둘, 셋, 넷, 다섯, 흐흐흑, 여섯, 일곱, 여덟, 아, 흑흑흑, 아홉, 열.'

아로는 뒤를 돌아보았다. 연두는 보이지 않았다.

아로는 마음이 텅 빈 것 같았다.

잠자는 애벌레

"요즘 아로가 왜 이렇게 말이 없지?"

과학교실에서 책을 읽던 건우가 혜리에게 소곤거렸다. 혜리와 건우는 고개를 내밀고 몰래 아로가 뭘 하는지 살폈다.

"나도 잘 모르겠어. 가끔 멍하니 하늘을 보며 울기도 하더라고. 나비가 어쩌고 하는 노래를 부르면서."

"사춘기 맞네. 사춘기가 확실해. 평소에 하지 않던 행동을 해."

아로는 청소하는 중이었다. 책상 정리를 하고, 실험 도구들을 서랍에 넣고, 책을 책장에 꽂았다. 책을 한 권씩 꽂아 넣을 때마다 아로의 입에서 깊은 한숨 소리가 터져 나왔다.

과학교실이 저절로 깨끗해지는 일은 두 번 다시 벌어지

지 않았다.

　그 후로 아로가 직접 과학교실을 청소했기 때문에 과학교실에서 있었던 이상한 일에 대해 아무도 몰랐다.

　"아로야, 너 철……."

　혜리가 청소하는 아로 곁으로 다가가 조심스레 말을 꺼냈다.

　"철부지라고?"

　"아니. 그게 아니라, 너, 철이 든 거 같아. 아주 어른스러워 보여."

　혜리가 수줍은 듯 얼굴을 붉혔다.

　"어른이 된다는 건 자신을 돌볼 뿐만 아니라 다른 사람까지도 돌볼 줄 아는 거래."

　아로의 어른스러운 말투에 혜리와 건우는 눈이 휘둥그레졌다.

　아로는 교실 청소를 끝내고 베란다로 가서 꼬물이를 찾았다. 그런데 아무리 찾아도 꼬물이가 보이지 않았다.

　"어디 갔지? 꼬물아, 어디 있니? 설마 죽은 건 아니겠지?"

아로는 복숭아나무를 구석구석 살펴보고, 베란다의 화분들 밑을 모두 들춰 보았지만, 꼬물이는 보이지 않았다.

"꼬물아, 말도 없이 가 버린 거야? 날개도 없는데, 어떻게 갈 수가 있지?"

아로는 울먹거리며 복숭아나무를 샅샅이 둘러보았다.

그런데 여태까지 보지 못했던 노란색 주머니가 복숭아나뭇가지에 달려 있었다.

"애벌레라고요? 내 친구 애벌레가 사라졌는데! 그럼, 애벌레가 고치 안에서 잠자나 봐요! 와! 내 친구 애벌레가 집을 짓다니!"

아로는 베란다에서 펄쩍펄쩍 뛰면서 감탄사를 펑펑 터트렸다.

아로의 소리를 듣고 혜리와 건우가 달려왔다.

"무슨 일이야?"

"여길 봐."

혜리와 건우가 쪼그리고 앉아 고치를 살펴보았다.

"애벌레가 집을 지었어. 고치래. 선생님이 그러셨어."

"신기하네. 이런 거 처음 봐."

"아빠, 캠핑하러 갔을 때 사용했던 침낭 같지 않아요?"

혜리가 공부균 선생님을 쳐다보며 물었다.

"그렇구나. 애벌레가 따뜻한 침낭에 들어가 자고 있네."

"쉿! 조용히 해 주세요. 애벌레가 깨어나면 안 되잖아요."

아로가 손가락을 입에 대며 주의를 주었다.

"아, 그렇구나. 쉿!"

아로와 선생님과 혜리, 건우는 살금살금 거실로 돌아왔다.

"아로야, 저 고치 안에서 어떤 곤충이 태어날까?"

혜리가 물었다.

"선생님, 고치 안에서 새로운 곤충이 나오게 되나요?"

"그래. 애벌레가 고치에서 잠을 자고 나면 새로운 곤충으로 변신하지."

"애벌레는 사라지는 거고요?"

"응. 애벌레는 사람으로 따지자면 아이라고 할 수 있어. 아이 모습은 사라지고 전혀 다른 어른 모습으로 변하게 되지."

"그런 거였구나."

고치 안에서 어른이 된 곤충이 나오게 된다는 말에, 아로는 고치를 가만히 바라보았다. 어떤 곤충이 나오게 될지 무척이나 궁금했다.

나비숲 보호 작전

창의력 호기심

곤충은 어떻게 태어나서 어떻게 살아갈까?
곤충은 왜 탈바꿈할까?
완전 탈바꿈과 불완전 탈바꿈은 무엇이 다를까?
애벌레는 어떻게 나비로 변할까?

탈바꿈 상자

"공부균 선생님! 혜리야!"

다음 날, 아로가 과학교실에 들렀을 때 선생님과 혜리, 고양이 에디슨도 보이지 않았다.

"어디 가셨지? 오늘 수업하는 날이 아니라서 모두 외출했나?"

아로는 소파에 앉아 선생님이 올 때까지 기다리기로 했다.

딩동딩동. 현관의 벨이 울렸다.

아로가 현관문을 열자, 택배 아저씨가 냉장고만큼 커다란 상자를 세워 놓고 서 있었다.

"여기에 엘리베이터가 다 있네?"

택배 아저씨가 버튼에 손을 갖다 대며 물었다.

"절대 누르시면 안 돼요! 집 전체가 어디론가 날아간단 말이에요!"

택배 아저씨는 황당하다는 듯 "허허허." 하고 웃었다.

아저씨는 냉장고보다 더 큰 상자를 집 안에 들여놓고는, 2층짜리 건물에 엘리베이터가 있다는 게 신기하고, 그것보다 이상한 애가 있다는 게 더 신기한 듯 다시 한번 쳐다보고는 사라졌다.

상자 겉면에 '탈바꿈 상자'라고 쓰여 있었다.

"탈바꿈이 뭐지?"

아로의 머리에서 호기심이 연기처럼 모락모락 피어올랐다.

"난 착한 아이야. 그러니까 이걸 건드리면 안 되지. 얌전하게 앉아서 선생님을 기다려야 해."

아로는 왼손으로 오른손이 움직이지 못하도록 꼭 잡았다. 하지만 어느새 오른손이 상자를 더듬고 있었다.

"포장지만 뜯어 놓을까? 그러면 선생님도 좋아하실 거야. 포장지 뜯는 일은 누구나 귀찮아하는 일이잖아. 선생님을 위해서야. 호기심 때문이 아니라고."

아로는 스스로 변명하면서 포장지를 벗겨 내기 시작했다.

아로의 눈앞에 나무 색깔의 상자가 모습을 드러냈다.

한쪽에는 손잡이가 달려 있었고, 문이 있었다. 그 옆에는 전자레인지에 달린 것 같은 둥근 버튼과 몇 개의 버튼들이 색깔별로 나란히 붙어 있었다.

"사람이 들어갈 수 있을 것 같네. 안에 뭐가 들었을까?"

아로는 상자 문을 열어 보았다. 그러나 예상과는 다르게 텅 비어 있었다.

아로의 눈길이 알록달록한 버튼으로 향했다.

"혹시 고장이 났을지도 몰라. 그러니까 선생님을 위해 미리 테스트해 보자. 작동하지 않으면 교환해 달라고 해야 하니까. 이건 선생님을 위한 일이야. 내 호기심 때문이 아니라고."

아로는 버튼을 눌러보기 시작했다.

하나, 둘, 셋, 넷…… 어느새 아로는 마구 돌리고 눌러 보고 있었다.

그러나 탈바꿈 상자는 아무런 작동도 하지 않았다.

"에이, 시시해."

아로는 탈바꿈 상자 안으로 들어갔다.

"엄마 뱃속에 들어온 것처럼 조용하네. 아, 그런데 왜 자꾸 하품이 나지? 아흠, 아훔, 아후훔."

아로는 자기도 모르게 스르르 잠이 들었다.

얼마나 잠이 들었을까? 아로는 눈을 떴다. 그런데 끔찍한 일이 벌어졌다.

눈앞이 캄캄하고 아무것도 보이지 않았다. 온몸을 꼼짝도 못 할 지경이었다. 답답해서 숨도 못 쉬었다.

"내가 어떻게 된 거지? 혹시 죽은 게 아닐까? 내가 땅속에 묻혔나 봐."

아로는 몸을 비틀었지만 조금도 힘을 쓰지 못했다.

"살려 주세요! 난 아직 초등학교 4학년이란 말이에요! 아직 먹어 보지 못 한 게 정말 많다고요!"

아로는 있는 힘을 다해 버둥거렸다.

그때 어디선가 희미하게 목소리가 들려왔다.

"아로야, 아로 있니?"

건우 목소리 같았다.

"건우야! 여기야, 여기! 날 꺼내 줘!"

아로가 소리쳤다.

"어디서 아로 목소리가 들리는데 어디지? 아로야, 어디 있니?"

"여기라고! 나 안 보여?"

아로는 목이 터지도록 외쳤다.

통통통-.

뭔가 두드리는 소리가 났다.

"아로야, 이 안에 있어?"

"웅. 어서 꺼내 줘. 빨리! 숨을 못 쉬겠어!"

"엄마야! 넌 지금 큰 주머니 같은 것에 들어가 있어. 침낭처럼 생겼는걸."

"내가 왜 주머니에 들어가 있지? 건우야, 빨리 꺼내 줘."

"그런데 아로야, 난 너랑 놀려고 여기 온 거야. 공부하러 온 게 아니야. 믿어 줄 거지?"

121

"믿어. 믿을게. 네 말이면 다 믿지."

아로가 대답했다.

"그런데 어떻게 꺼내야 하지?"

건우는 두리번거리며 방법을 찾았다.

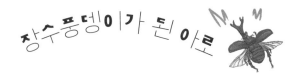

장수풍뎅이가 된 아로

털컹, 털컹-. 엘리베이터가 도착하는 소리가 현관 쪽에서 들렸다.

공부균 선생님과 혜리, 그리고 에디슨이 교실로 들어섰다. 어디를 다녀왔는지 공부균 선생님과 혜리의 머리와 옷에 풀잎들이 붙어 있었다.

"건우 언제 왔니? 우리는 곤충을 관찰하러 인도네시아의 원시림에 다녀오는 길이야. 세계 최초로 호리병 모양의 새로운 곤충을 발견했지. 내 이름을 따서 혜리 호리병딱정벌레라고 이름을 붙였어."

혜리가 자랑을 늘어놓았다.

"선생님, 저기, 저거……."

건우는 아로가 들어 있는 상자를 가리켰나.

"드디어 왔구나. 너희에게 곤충의 탈바꿈에 대해 가르치

려고 아주 먼 곳에서 주문했거든.”

공부균 선생님은 탈바꿈 상자를 훑어보며 흐뭇해했다.

“그런데 아로가…… 아로가…….”

건우는 말을 제대로 못 하고 더듬거렸다. 아로가 허락 없
이 탈바꿈 상자를 만진 걸 알면 선생님에게 혼이 날 것 같
았기 때문이다.

“탈바꿈 상자는 곤충이 탈바꿈하는 걸 보여 줄 수 있어.
너희도 실제로 보면 아주 놀랄걸. 그런데 아로는 어디 있
니?”

"선생니이이임. 여기예요오오오."

탈바꿈 상자의 커다란 고치 안에서 아로의 목소리가 흘러나왔다.

"어이쿠, 이 녀석!"

공부균 선생님이 이마를 쳤다.

선생님이 탈바꿈 상자의 버튼을 돌리자, 고치가 갈라지기 시작했다. 고치 안에 있는 아로에게 눈 부신 빛이 쏟아졌다.

"살았다! 고마워요! 영영 세상 구경을 못 하는 줄 알았어요!"

아로가 펄쩍 뛰어나왔다.

그런데 아로를 본 혜리와 건우가 비명을 질렀다.

"끼악!"

"이야옹!"

에디슨도 놀라서 도망쳤다.

"너희들 왜 그래? 친구들아, 사랑해."

"아로 맞니? 아로 맞아?"

"응. 내가 아로야."

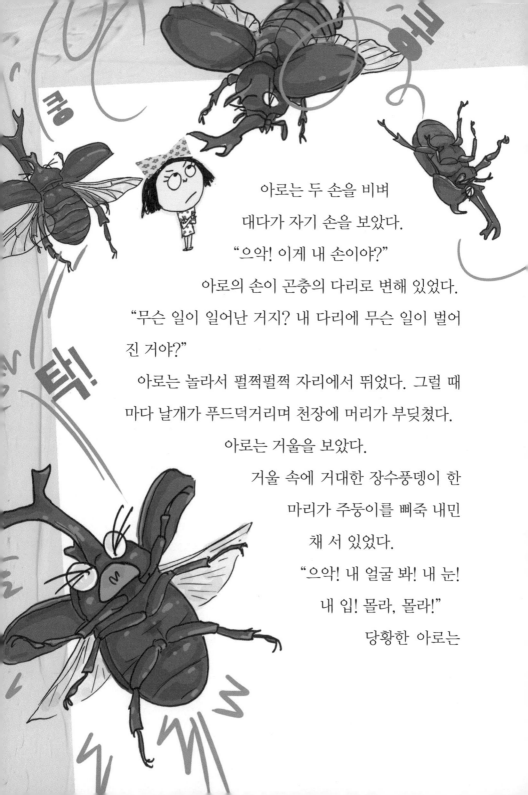

아로는 두 손을 비벼
대다가 자기 손을 보았다.
"으악! 이게 내 손이야?"
아로의 손이 곤충의 다리로 변해 있었다.
"무슨 일이 일어난 거지? 내 다리에 무슨 일이 벌어
진 거야?"
아로는 놀라서 펄쩍펄쩍 자리에서 뛰었다. 그럴 때
마다 날개가 푸드덕거리며 천장에 머리가 부딪쳤다.
아로는 거울을 보았다.
거울 속에 거대한 장수풍뎅이 한
마리가 주둥이를 삐죽 내민
채 서 있었다.
"으악! 내 얼굴 봐! 내 눈!
내 입! 몰라, 몰라!"
당황한 아로는

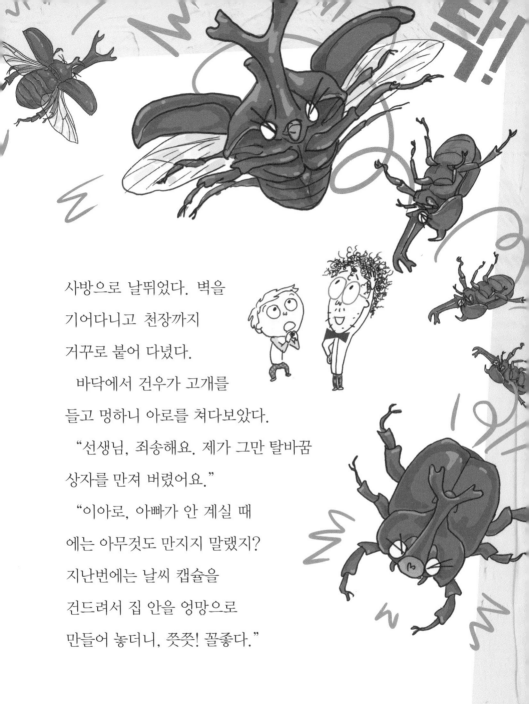

사방으로 날뛰었다. 벽을
기어다니고 천장까지
거꾸로 붙어 다녔다.
　바닥에서 건우가 고개를
들고 멍하니 아로를 쳐다보았다.
　"선생님, 죄송해요. 제가 그만 탈바꿈
상자를 만져 버렸어요."
　"이아로, 아빠가 안 계실 때
에는 아무것도 만지지 말랬지?
지난번에는 날씨 캡슐을
건드려서 집 안을 엉망으로
만들어 놓더니, 쯧쯧! 꼴좋다."

127

혜리는 코를 찡그리며 흙을 보았다.

그러나 공부균 선생님은 오히려 흐뭇하게 웃었다.

"멋지게 변신했네. 완벽한 장수풍뎅이야!"

"네? 멋지다고요? 음, 그러고 보니 그런 것 같기도 하고…… 헤헤헤!"

"관찰용 곤충이 필요했는데 마침 잘됐구나. 아로야, 네가 관찰 재료가 돼 줘야겠다. 애들아, 탈바꿈 상자에 달린 이 버튼 보이니?"

"네. 전자레인지에 달린 타이머처럼 생겼네요."

"이건 시간 버튼이야. 이 버튼을 돌리면 탈바꿈이 시작되지. 탈바꿈 상자 안은 상자 밖보다 시간이 훨씬 빨리 흐른단다. 시간 버튼이 빨리 돌아갈수록 탈바꿈 상자 안의 시간도 빨리 흘러가지."

"탈바꿈이 뭔데요?"

건우가 질문했다.

"사람은 태어나서 죽을 때까지 모습이 바뀌지 않지? 하지만 곤충은 자라면서 모습을 계속 바꿔. 그렇게 모습을 바꾸는 걸 '탈바꿈'이라고 해. 애벌레가 어른벌레가 되면 모습이 바뀌는 거지. 예전의 모습을 버리고 새로운 모습으로 다시 태어나 사는 거지."

"다시 태어난다고요? 참 신기하네요!"

건우가 말했다.

"탈바꿈을 왜 하는 거예요?"

이번에는 혜리가 질문했다.

"탈바꿈하면 훨씬 살기 좋거든. 애벌레와 어른벌레가 같은 장소에서 같은 먹이를 먹으면서 살면 장소도 비좁고 먹이도 부족해지잖아. 그래서 애벌레 때에는 날개가 없다가 어른벌레가 되면 날개가 새로 돋는 곤충들이 많지. 날개가 있으면 먹이를 찾아 자유롭게 멀리 날아갈 수 있으니까."

"신기하다, 곤충은 알면 알수록 신기해요!"

건우가 또 감탄을 터트렸다.

"그래서 곤충이 지구에서 오랫동안 생존할 수 있었나 봐요. 곤충이 멸종하지 않은 비결은 탈바꿈에 있는 거 같아요."

혜리의 말에 공부균 선생님노 손뼉을 쳤다.

"그럴 거야. 자연환경에 맞춰 자기 모습을 변화시킨 게

곤충이 살아온 생존 방법이니까."

"그런데 선생님⋯⋯."

천장에 거꾸로 붙어 있던 아로가 불렀다.

선생님과 건우, 혜리, 에디슨까지 고개를 든 채 아로를 쳐다보았다.

"저를 어서 빨리 사람이 되게 해 주세요."

공부균 선생님은 아로를 가리키며 입을 열었다.

"아직 곤충의 한살이를 관찰하지 않았는데, 벌써 사람이 되려고?"

'한살이'란 사람이 태어나서 어른이 되고 결혼해서 다시 아이를 낳기까지 걸리는 시간이라고 공부균 선생님이 설명했다. 사람은 한살이가 30년이고, 초파리는 한살이가 10일이고, 장수풍뎅이는 1년에서 1년 6개월이란 말을 덧붙였다.

"그렇다면 초파리는 태어난 지 10일 만에 어른이 되어 다시 알을 낳는 거예요?"

혜리가 놀라서 물었다.

"그렇다면 아로가 알을 낳는다는 건가요?"

건우가 눈을 휘둥그레 뜨며 묻자, 아로가 소리쳤다.

"내가 왜 알을 낳니? 난 남자야!"

공부균 선생님은 팔짱을 끼면서 고개를 끄덕이곤 탈바꿈 상자 앞으로 가서 버튼을 눌렀다. 그러자 한쪽 벽에 달린 화면이 켜졌다.

"아로다, 아로가 나타났어."

아로가 탈바꿈 상자를 만지는 장면이 화면에 나타났다. 아로도 모르게 자동으로 녹화가 된 것이다.

"내가 저럴 줄 알았어."

혜리가 톡 쏘았다.

아로가 탈바꿈 상자 안에서 꾸벅꾸벅 졸더니 잠든 모습이 화면에 나타났다.

"이제부터 곤충의 한살이가 나타날 거야."

화면 한쪽에 시간이 빠르게 흘러갔다. 실제 시간보다 탈바꿈 상자 안의 시계가 훨씬 빠르게 돌아가더니 놀라운 장면이 펼쳐졌다.

"곤충은 평생 살면서 딱딱한 겉껍질인 허물을 여러 번 벗

으면서 어른벌레가 되어 간다. 장수풍뎅이 애벌레는 1
령 애벌레, 2령 애벌레, 3령 애벌레를 거치면서 허물을 벗
어서 번데기가 되고 나비는 다섯 번 허물을 벗는단다."

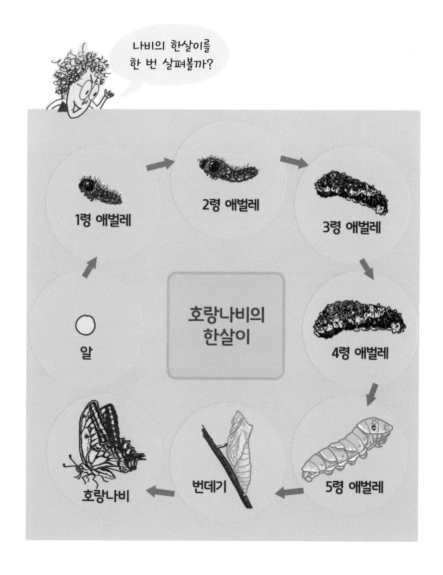

그사이에 애벌레 아로는 열심히 고치를 만들더니 그 안에서 번데기가 되었다.

"고치는 번데기의 방이구나."

에디슨이 거대한 번데기를 보며 "야옹." 하며 입맛을 다셨다.

또 시간이 빠르게 흘러갔다. 실제 시간은 20분에 불과했다.

"번데기가 점점 변하고 있어."

"앗, 건우다, 건우가 도착했네."

화면에 건우가 나타나자 건우는 수줍은 듯 어깨를 으쓱했다.

조금 후 공부균 선생님이 도착하고 번데기였던 아로가 고치 안에서 장수풍뎅이로 변해 밖으로 기어 나오는 모습이 나타났다.

"놀라워! 어른벌레가 쉽게 되는 게 아니었어! 아로야, 이렇게 힘든 과정을 거쳐 장수풍뎅이가 되다니! 네가 왠지 늠름해 보여."

건우의 말에 아로는 어깨를 으쓱했다.

"이 모습으로 학교에 가서 축구하면 어떨까? 뿔로 공을 잡아서 붕붕 날아다니며 골을 넣으면 100대 0으로 이길 수 있을 것 같아!"

"흠, 공부왕 교장 선생님이 널 채집해서 바짝 말려서 과학실에 전시해 놓을걸?"

"으악!"

아로는 얼른 사람이 되고 싶다며 소리쳤다.

사람이 안 찾으면
자연은 늘 아름답다

공부왕 교장 선생님의 연설이 길어졌다. "에험." 하고 헛기침할 때마다 교장 선생님의 코 밑에서 모기향처럼 돌돌 말린 수염이 바르르 떨렸다.

"건우야, 어쩌면 좋지? 고치에 아무런 변화가 없어."

아로가 무거운 목소리로 말했다.

"네 고추가 어떻게 됐다고?"

"고추가 아니라 고치 말이야. 고치가 그냥 그대로야. 벌써 일주일이 넘었어. 고치 속에서 애벌레가 죽은 거 같아서 걱정이야."

"쉿! 교장 선생님이 말씀하시는데 누가 떠드니?"

담임 선생님이 아로를 노려보며 주의를 주었다.

아로는 입을 꾹 다물었다.

과학교실로 돌아간 아로는 복숭아나무 앞에 쪼그리고 앉

았다.

한숨이 폭 나오고 또 한숨이 폭 나왔다.

"애벌레야. 그 안에 있는 거지? 왜 나오지 않는 거니? 고치 밖으로 나오는 게 너무 힘들어서 그래? 내가 꺼내 줄까?"

아로는 그렇게 중얼거리고는 고개를 저었다.

"아니야, 공부균 선생님이 그러셨어. 고치 밖으로 나오는 건 힘들더라도 스스로 해내야 한다고. 그래야만 어른이 되는 거라고. 그러니까 힘내서 꼭 나와야 해. 내가 기다리고 있을게."

고치를 향해 말하던 아로의 얼굴이 문득 걱정스럽게 변했다.

"그런데…… 애벌레야, 넌 어떤 어른벌레로 변할 거니? 장수풍뎅이가 나올까? 사슴벌레가 나올까? 난 아주 조금, 아주아주 조금 걱정이 되긴 해. 시커멓고 털이 많이 달린 못생긴 곤충이 나올까 봐……."

하루에도 몇 번이고 아로는 고치 앞에 있어서 고치 속의 애벌레에게 말을 걸었다. 그렇게 또 하루, 이틀, 사흘, 나

흘이 지났다. 아로에게는 1년 아니 10년은 지난 것 같은 시간이었다.

2주일이 지난 일요일 오후, 황금빛 햇살이 유리창을 통해 쏟아질때, 고치가 조금씩 움직였다. 아로는 베란다에 팔을 기댄 채 나비의 노래를 부르는 중이었다. 그래서 처음에는 눈치를 채지 못했다.

"어? 움직인다! 움직여요!"

아로의 소리에 공부균 선생님과 혜리와 건우가 달려왔다.

공부균 선생님은 스마트폰으로 동영상을 찍었다.

고치의 위와 옆 부분이 터지더니 천천히 아주 천천히 어른벌레가 모습을 드러냈다.

"나온다! 어른벌레가 나와요!"

갓 태어난 어른벌레는 쭈글쭈글했다.

"무슨 곤충이지? 저런 곤충은 처음 보는데?"

건우가 말했다. 아로의 심장이 두근두근 뛰었다.

어른벌레의 접혀 있던 날개가 조금씩 펴지기 시작했다.

그리고 드디어 멋진 모습으로 변신했다.

"나비다! 나비예요! 하얀 나비예요!"

"검은 나비 같았는데 털은 하얀색이구나!
이런 나비는 처음 봐!"

건우와 혜리가 감탄을 터트렸다. 모두 입을
다물지 못했다. 그 나비를 알아본 사람은
아로밖에 없었다. 연두와 달산에 갔을
때 보았던 바로 그 신비한 나비였다.

"대단해! 꼬물아, 네가 나비였구나! 하얀 나비였구나!
축하해! 반가워! 고마워!"

아로는 어쩔 줄 몰라 했다.

"와!"

모두 말문을 잃었는지 감탄사만 터트렸다.

복숭아 나뭇가지에 앉은 하얀 나비는 날개를
서서히 움직이며 하늘을 날 준비를 했다.

"나비는 100개의 알을 낳으면 모두 죽고

3개 정도밖에 살아남지 않아. 저 작은 나비는 그동안 엄청
난 시련을 이겨 내고 꿈을 이룬 거야.”

공부균 선생님의

말씀에 아로는 나비의 꿈이

얼마나 소중한 것인지 새삼 느껴졌다.

하얀 나비는 나풀나풀 공중으로 날아올라 빙글빙글 돌았다.

“아로야, 이제 이별을 해야 할 때가 되었나 보다. 나비는
자기가 살 곳을 찾아가야 해.”

아로는 잠시 머뭇거리다가 베란다의 창문을 활짝 열었다.

나비는 인사라도 하려는 듯이 아로의 머리 위에 사뿐히
앉아서 날개를 흔들었다.

“어서 가. 이제 가.”

나비는 아로의 말을 알아들었다는 듯 창문 밖으로 날갯
짓하며 힘차게 날아갔다.

붉은 저녁노을이 나비를 환영해 주는 것 같았다.

아로는 연두가 가르쳐 준 나비의 노래를 조용히 불렀다.

가슴이 뜨거워지며 자꾸 눈물이 났다.

"아로야, 왜 울어? 나비랑 헤어진 게 그렇게 슬퍼?"

건우가 물었다.

"어른이 된다는 게 뭔지 알 것 같아서 우는 거야."

아로는 손등으로 눈물을 닦았다.

며칠 후, 학교에서 외우라고 내준 과학 프린트 종이 앞에

앉아, 아로는 방아깨비처럼 꾸벅꾸벅 졸고 있었다.

딩디리리링-. 때마침 아로의 휴대 전화가 울렸다. 혜리

였다.

"아로야! 지금 난리가 났어!"

혜리가 잔뜩 흥분한 목소리로 소리쳤다.

"왜? 에디슨이 또 모기로 변했어?"

아로가 졸린 목소리로 대답했다.

"에디슨이 아니라 나비 때문에 난리가 났어!"

"나비라고?"

"나비가 탈바꿈하는 모습을 촬영한 동영상 있지? 그 동영상을 어젯밤에 내가 인터넷에 올렸는데, 지금 조회 수가 폭발하고 있어!"

아로는 찬물을 끼얹은 듯 정신이 번쩍 들었다. 아로는 얼른 과학교실로 달려갔다.

공부균 선생님과 혜리가 컴퓨터 앞에 앉아 있었다.

건우도 헐레벌떡 뛰어 들어왔다.

혜리 말대로 아로의 동영상은 인기 폭발이었다.

〈우리 집에 아기가 아니라 나비가 태어났어요!〉라는 제목의 동영상에는 수천 개의 댓글이 쉬지 않고 올라오고, 조회 수가 폭발적으로 늘어갔다.

아로는 어리둥절했다.

"왜 이런 일이 일어난 거예요? 나비가 탈바꿈한 일이 이렇게 대단한 일이에요?"

아로의 질문에 혜리가 두 손을 가슴에 품으며 감격스러운 표정으로 대답했다.

"네가 탈바꿈시킨 그 나비가 보통 나비가 아니었어! 오, 맙소사! 내 생애에 이런 일이 일어나다니!"

공부균 선생님의 얼굴에는 미소가 가득했다. 건우도 에디슨을 끌어안고 덩달아 펄쩍펄쩍 뛰었다.

그때 공부균 선생님의 전화벨이 울렸다.
"지금 당장 오신다고요? 네, 알겠습니다."
공부균 선생님은 과학교실의 위치를 설명했다.
"아로야, 널 만나기 위해 귀한 손님들이 찾아오신다는구나. 나비 동영상을 보고 아까 메일이 와서 답장을 보냈더니 당장 찾아오겠대."
얼마 후, 과학교실 앞에 자동차 두 대가 도착했다. 방송국 마크가 크게 찍혀 있는 방송국 차였다. 카메라를 든 카메라맨과 마이크를 든 기자 등 여러 사람이 우르르 내렸다.
"네가 나비를 탈바꿈시킨 아이니? 나는 오무연이다. 넌 참으로 대단한 일을 했더구나. 뒤늦었지만, 축하한다!"
머리와 수염이 희끗희끗한 할아버지가 아로에게 물었다. 공부균 선생님이 옆에서 이 할아버지가 하늘대학교 생물학과 교수이면서 세계 최고의 나비 박사라고 소개했다.
아로와 나비 박사가 이야기하는 모습을 방송국 기자는

받아 적고, 카메라맨은 쉴 새 없이 촬영했다.

"그런데 제 나비가 왜 그렇게 특별한 나비인가요?"

아로가 얼떨떨한 표정을 지었다.

"나비의 정확한 이름은 상제나비란다. 이건 국제 곤충학계에 보고될 만한 놀라운 일이야! 네가 참 대단한 일을 했구나."

"상제나비요? 제가 한 일은 그저 꼬물이가 심심할까 봐말을 걸어 주고, 꼬물이에게 복숭아나무 잎사귀를 먹여 준것밖에 없어요."

아로는 고개를 갸웃거리며 대답했다.

"꼬물이?"

"제가 꼬물이라고 이름을 지어 줬거든요. 꼬물이가 먹성이 얼마나 좋았다고요. 사각사각 소리를 내며 복숭아나무잎을 어찌나 잘 먹었는지 몰라요. 살이 아주 통통하게 쪘었어요."

"아하, 그렇구나. 상제나비 애벌레는 복숭아나무 잎을좋아한단 말이지……. 살구나무를 좋아하는 건 알았는데……."

나비 박사는 아로가 말하는 것을 중요한 조사 내용처럼
수첩에 기록했다.

"이로야, 애벌레에서 나비가 되는 날까지 날마다 관찰했
다고 들었는데, 뭔가 특별한 점을 찾지는 않았니?"

나비 박사가 진지한 얼굴로 물었다.

"특별한 점이라…… 제 말을 알아듣는 듯했어요. 제가 백
점 맞았다고 하니까 머리를 흔들면서 춤을 췄어요."

"흠, 춤을 췄다…… 그리고?"

아로는 눈동자를 이쪽저쪽 굴렸다. 그것은 아로가 뭔가
망설인다는 뜻이었다.

"그…… 그런데요. 이건 정말 비밀인데요."

"무슨 비밀?"

나비 박사가 물었다. 아로는 나비 박사의 귀에 대고 속삭
였다.

"비밀을 꼭 지켜 주셔야 해요. 저는 상제나비를 수십, 아
니 수백 마리를 봤어요."

"뭐라고?"

나비 박사의 눈과 목소리가 커졌다.

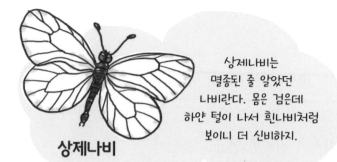

상제나비

상제나비는
멸종된 줄 알았던
나비란다. 몸은 검은데
하얀 털이 나서 흰나비처럼
보이니 더 신비하지.

"달산에 가면 사람들 발길이 닿지 않는 숲이 있는데요. 샐비어꽃으로 가득 찬 곳이에요. 그곳에 상제나비들이 모여 살고 있었어요."

"그게 정말이니? 나를 그곳으로 데려가 줄 수 있겠니?"

아로는 연두에게 들은 말이 떠올랐다. 사람들만 안 찾으면 자연은 늘 아름답다는 말.

"나비가 사는 곳에 사람들이 찾게 되면 나비들은 떠날 거예요."

아로가 말했다.

"아로야, 네가 숨겨 두고 싶으면 숨겨도 된단다. 나도 누구보다 사람들에게서 상제나비를 보호하고 싶으니까."

"음…… 그럼 두 가지만 약속해 주세요. 한 가지는 누구에게도 나비의 숲을 알려 주지 않겠다는 것이고, 또 한 가지는 앞으로 어른들이 나비의 숲에 피해 주려고 하면 보호해 주겠다는 거예요."

"좋았어! 반드시 지키도록 하마!"

니비 박사는 사람들 앞에서 아로와의 약속 내용을 발표하며 자신의 명예를 걸고 지키겠다고 공개 선언했다.

곤충이 살아야 사람도 산다

아로와 함께 사람들은 달산에 오르기 시작했다.

나비 박사는 방송국 기자와 카메라맨에게 더는 촬영하지 못하도록 했다.

"이렇게 험한 길이 아니었는데……."

아로는 몇 번이고 길을 잃어버렸다가 다시 찾았다. 연두와 올랐을 때는 쉽게 올라간 산이었는데, 다시 오르려니까 이상하게도 매우 험하고 가팔랐다. 마치 제자리를 빙빙 도는 것 같았다.

"이상해요. 분명히 이쪽 길 같았는데……."

아로는 점점 자신이 없어졌다.

그러나 나비 박사는 포기하지 않았다.

"괜찮다. 당황하지 말고 차분하게 생각해 보렴."

아로 일행은 나뭇등걸에 걸터앉아 잠시 쉬기로 했다. 나비 박사는 땀을 닦으며 말문을 열었다.

"벌레를 좋아하는 사람은 거의 없지. 눈에 보이기만 하면 다들 죽이려고 해. 대부분 사람은 벌레가 아예 세상에서 사라졌으면 좋겠다고 생각하지. 하지만 사람들은 정작 중요한 걸 모른단다. 곤충이 없으면 사람도 살 수 없다는 것을."

"곤충이 사람에게 그렇게 중요한가요?"

아로가 물었다.

"곤충은 지구의 생태계를 유지하는 아주 중요한 생명이

야. 곤충은 먹이 피라미드를 유지하는 중요한 역할을 하
지. 그러나 안타깝게도 사람 때문에 멸종되는 종들이 많아
지고 있어. 벌, 무당벌레, 누에, 초파리 같은 곤충은 사람
에게 아주 이로운 곤충이야."

"하지만 모기, 바퀴벌레 같은 나쁜 곤충도 있잖아요."

건우가 물었다.

먹이 피라미드

나쁜 곤충도
있잖아요.

해충은
전체 곤충의
5%에 불과해.

"물론이지. 바퀴, 모기, 파리, 개미, 노린재처럼 사람에게 해를 끼치는 해로운 곤충을 해충이라고 해. 그런데 해충은 전체 곤충의 5%에 불과하단다. 나머지 곤충 대부분은 지구의 생태계를 유지하는 지구 생태계의 수호자야."

"아, 1cm밖에 안 되는 작은 친구들이 지구를 몰래 꾸려 나가는군요."

"우리나라에는 멸종 위기 곤충 1급인 곤충이 4종이 있어. 제주도 한라산에서 사는 산굴뚝나비, 수염풍뎅이, 장수하늘소 그리고 상제나비란다. 장수하늘소는 대륙이동설의 증거가 되고, 산굴뚝나비는 육지와 제주가 이어져 있었다는 증거가 되어서 천연기념물로 지정되었어."

그때 아로는 숲속에서 누군가를 본 것 같았다.

연두가 고개를 살짝 내밀고 방긋 웃으며 빨간 샐비어꽃을 흔들던 것 같았다.

"연두야! 연두야!"

아로는 숲속으로 달려갔다.

"아로야, 어디 가?"

아이들이 아로를 따라 뛰어왔다.

우리나라 멸종 곤충 1급

산굴뚝나비
제주도 한라산에 산다.

수염풍뎅이
머리에 난 더듬이가
수염처럼 보인다.

장수하늘소
적갈색의 굳은 날개와 노란색의 잔
털이 있으며, 날개 끝은 구부러졌다.

상제나비
멸종 위기 나비. 회백색
털로 덮여 있어 검은 몸이
희게 보인다.

숲속을 둘러보았지만, 연두는 보이지 않았다. 바닥에 샐비어 꽃잎이 바람에 날릴 뿐이었다.

"분명히 봤는데…… 분명히 여기 있었는데……."

그때 나무들 저쪽에 빨간 꽃들이 눈에 들어왔다. 아로가 소리쳤다.

"저기예요! 저기가 나비들이 사는 곳이에요!"

바위를 끼고 나무들 사이를 지나자 갑자기 평편한 땅이 나타났다.

나무들 사이로 햇살이 눈부시게 쏟아졌고, 붉은 꽃들이 양탄자처럼 아름답게 깔려 있었다.

그 위로 하얀 나비들이, 하얀 꽃 같은 하얀 나비들이, 꽃비가 내리듯이, 하얀 나비들이 날갯짓하며 햇살을 타고 하늘로 올라갔다.

"와! 꽃이 난다! 나비가 꽃보다 더 아름답다!"

수백 마리 나비들이 한꺼번에 하늘로 날아오르며 춤을 추었다.

"이럴 수가! 이런 모습은 태어나서 처음 보는구나! 인간 세상 같지 않아!"

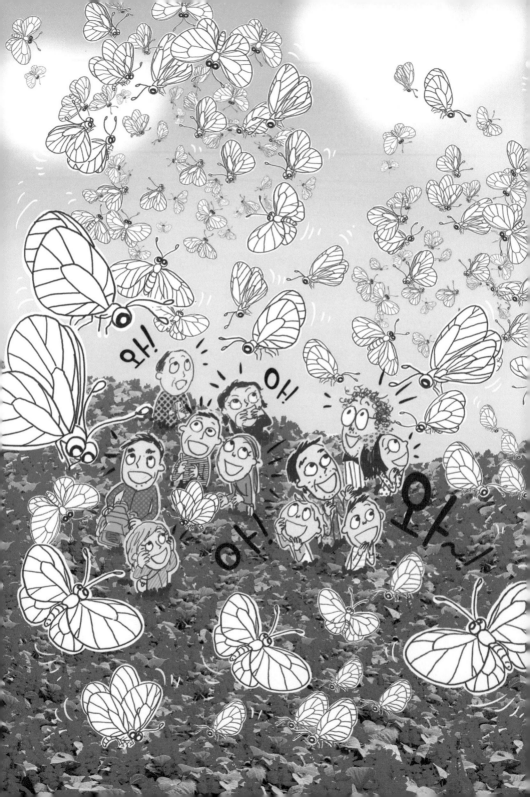

나비 박사는 바닥에 무릎을 꿇고 주저앉으면서 감탄을 터트렸다.

공부균 선생님은 두 팔을 펼치고 마치 꿈을 꾸는 사람처럼 황홀한 표정을 지었다. 사람들의 감탄사가 여기저기에서 터져 나왔다.

"바위와 빽빽한 나무들과 높고 둥근 언덕이 천혜의 구릉지를 만들어 주었군. 밖에서 보면 사람들의 눈에 전혀 보이지 않는 비밀스러운 장소야. 그래서 상제나비들의 낙원이 만들어진 거야."

나비 박사가 말했다.

그때 방송국 카메라맨이 몰래 품에서 카메라를 꺼내 사진을 찍으려고 했다.

"안 돼요! 당장 그만두지 못하겠소?"

나비 박사가 윽박질렀다. 겁을 먹은 카메라맨은 카메라를 얼른 가방에 집어넣었다.

"쉿, 모두 조용히 하세요. 어서 돌아갑시다. 상제나비들을 놀라게 해서는 안 돼요."

나비 박사의 말에 모두 뒷걸음쳐서 숲을 빠져나왔다.

완전히 빠져나온 후에야 사람들은 마음을 놓고 한숨을 내쉬었다.

한 달 후, 달산 밑에 있는 달산 공원에서 큰 행사가 열렸다.

환경부 장관을 비롯해 달산시 시장, 수많은 달산 시민들이 모인 자리였다.

〈나비 숲 보호 지역 선포식〉이라는 커다란 현수막이 바람에 휘날렸다. 상제나비의 집단 서식지를 보호하기 위해 달산을 나비 보호 지역으로 환경부에서 특별 지정한 것이다.

아로는 혜리와 건우, 그리고 아이들과 함께 단상에 올랐다. 아이들은 강단 위에서 나비의 노래를 불렀다.

어디선가 예쁜 상제나비 한 마리가 날아와 나풀나풀 춤을 추다가 아로의 어깨 위에 내려앉았다. 아로의 입가에 수줍은 미소가 번져 올랐다. 마치 첫사랑에 빠진 소년처럼.

몹시도 수상쩍다는 계속 이어집니다.

궁금한 게 있으면 직접 그것이 되어 보는
골때리게 재미있는 과학교실!

집
교실
땅
물
하늘
E
정거장

띵!

〈몹시도 수상쩍다〉시리즈는 계속 출간됩니다.